彩妆天王

Kevin

彩妆
魔法书

（超值升级版）

Kevin 著

广西科学技术出版社

著作权合同登记号·桂图登字：20-2011-115号

图书在版编目（CIP）数据

彩妆天王Kevin彩妆魔法书（超值升级版）/ Kevin 著 . —2 版 . —南宁：广西科学技术出版社，2011.5
ISBN 978-7-80763-632-8

Ⅰ. 彩… Ⅱ. K… Ⅲ. 女性—化妆—基本知识 Ⅳ .TS974.1

中国版本图书馆 CIP 数据核字（2011）第 047622 号

CAIZHUANG TIANWANG KEVIN CAIZHUANG MOFA SHU (CHAOZHI SHENGJI BAN)
彩妆天王 Kevin 彩妆魔法书（超值升级版）

作　　者：Kevin
责任编辑：孟 辰 李 竹　　　　　　封面设计：卜翠红
责任校对：田 芳 曾高兴　　　　　　装帧设计：1/2 STUDIO
责任审读：张桂宜　　　　　　　　　　责任印制：韦文印

出版人：韦鸿学　　　　　　　　　　出版发行：广西科学技术出版社
社　址：广西南宁市东葛路 66 号　　　邮政编码：530022
电　话：010-85893724（北京）　　　0771-5845660（南宁）
传　真：010-85894367（北京）　　　0771-5878485（南宁）
网　址：http://www.gxkjs.com　　　　在线阅读：http://www.gxkjs.com

经　销：全国各地新华书店
印　刷：北京华联印刷有限公司
地　址：北京经济技术开发区东环北路 3 号　　邮政编码：100176
开　本：880mm×1040mm 1/24
字　数：150 千字　　　　　　　　　印张：5
版　次：2011 年 5 月第 2 版
印　次：2011 年 9 月第 4 次印刷
书　号：ISBN 978-7-80763-632-8/R·171
定　价：33.00 元（含 DVD）

自序

数一数自己在这个行业已经超过了 16 个年头。从当初一个什么都不懂的新手，只凭满腔热情一步一步土法炼钢，到慢慢自学至今，其中百味杂陈，苦与泪只能自己承受。但是，在这 16 年中我可以确定的一件事是——我对工作的热情一如当初，丝毫未减！到现在，面对每一次的工作，我都像是第一次般战战兢兢，尤其是看到每一件作品完成之后，那种满足与喜悦，就像是一种无形的兴奋剂一样。而我，深深地，上瘾了——对工作，对于把美带到每一个人的生活中，上瘾了！

去年底，我推出《彩妆魔法书》时，承诺要为内地的女性朋友也做同样的素人改造，我没有食言喔！在全新改版的《彩妆魔法书》中我为 6 位来自不同地区的朋友进行改造，虽然在长时间的工作下我的腰伤又复发，但我坚持在书中的每个步骤，一笔一画，每个镜头都必须是我自己完成的。我希望每一位看到书的人，都能感受到我最大的努力与诚意，进而让生活多一点点的美丽！

当然，一本书的完成不能只靠凯文一个人，这次来自两岸的出版社与工作伙伴们，谢谢你们辛苦地陪着我一起努力。我尤其要感谢那 6 位美丽的天使，愿意完全素颜入镜，完全地信任！因为借由你们，凯文才得以完整地传达 "生活彩妆" 的理念，让大家相信只要通过努力，每一个人都能成为自己的 "最佳女主角"！

最后，正在读这本书的你，凯文还是要唠叨一下：彩妆是一种增加自信的方法，而不是面具！别忘了美丽要由内而外完整地培养与散发！永远相信自己，相信明天的你会比今天更好！

我爱你们！

飞往北京的上空

Kevin

特别呈现的
内地版素人改造

我们的缺点都很多，
但，经过老师的手，
立刻变得不同！
Kevin老师特别为内地女生打造，
总有一个妆容
适合你改造自己的缺点
为了美丽，一起加油！

缺点1：大小眼明显！

我的处方笺：

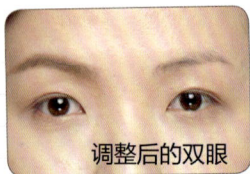

调整后的双眼

以双眼皮胶带调整大小眼，左眼较小，将双眼皮贴往上贴高一点，就可以调整双眼大小。

缺点3：毛孔粗大，局部出油肤色不均！

我的处方笺：

1. 长期出油的人，角质会变肥厚，这是肤色不均的主因。
2. 针对额头、眼下、嘴角与下巴，卸完妆后一定要用洗面奶再加强清洗一次。
3. 利用化妆棉加化妆水进行温和去角质，让肤色在上妆前就呈现透明感。
4. 利用粉饼加强额头、鼻翼、嘴角等容易暗沉的位置。

缺点2：颧骨宽，下巴短！

我的处方笺：

1. 两侧发际线与颧骨处用深三号的粉底进行修容。
2. 眉毛画长一点，收缩较宽的颧骨，颜色画淡一点，眼睛看起来会大。

姓名：舒安
年龄：25岁
职业：编辑
腾讯昵称：Vivian

缺点4：天生唇色过红！

我的处方笺：

唇色红，存在感强，下巴容易显短，将唇色调整到与肤色接近，下巴看起来会变长。

before

舒安说："我一大一小眼的问题超级严重，皮肤又是大油田，在老师手里，全部都消失无踪了！"

finish

Step by Step

Step 1

化妆棉画圈
将化妆水倒在化妆棉上，以画圈圈的方式进行去角质，帮助解决肤色暗沉与减少出油状况产生。

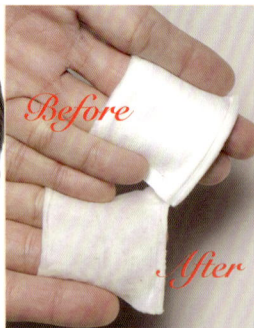

Before

After

Step 2

修颜液淡化毛孔
用修颜液修饰局部毛孔。这一瓶含有珍珠靓白粉球，让肌肤在上妆前就有亮白光晕，还能预防色斑产生，让底妆更加完美。

我的小叮咛：适量的光线可以淡化毛孔，光线在毛孔凹与凸间的折射可以降低凹凸之间的比例，进而柔化毛孔。

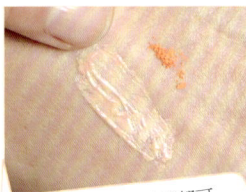

Step 3

橘色腮红加遮瑕膏
准备橘色的腮红与水状的肤色遮瑕膏，两者相互混合成橘色的遮瑕膏，就可进行黑眼圈的修饰。

我的小叮咛：1妆前妆后都可以调整黑眼圈。2肤色白皙的人可先修饰再盖上粉底液，妆感就不会厚重。3也可用不含晶钻亮粉的眼影来调合。

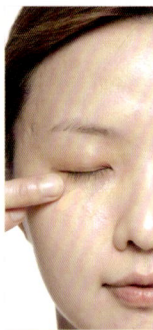

Step 4

遮盖黑眼圈
在眼下大范围轻拍开来，达到修饰黑眼圈的效果。

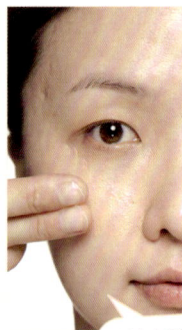

Step 5

椭圆形上粉底液
选择保湿型的粉底液，局部上在脸部中央的椭圆形范围，达到毛孔遮瑕与加强保湿。

我的小叮咛：上完底妆会觉得厚重是因为范围太大了，最佳的范围：额头到眉尾然后到下巴所形成的椭圆形。

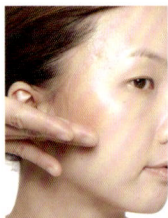

Step 6

深三号粉底
选择深三号的粉底液，在发际线与颧骨两侧涂抹加深脸部的轮廓，将颧骨往内收缩。

Step 7

按压粉饼
局部先在T字区按压少量的粉饼，让毛孔柔焦化，接着轻按压额头、嘴角等暗沉处，加强提亮。

Step 8

刷上蜜粉
全脸轻刷上蜜粉，创造透亮自然的肤色。

我的小叮咛：1 认识幻彩流星粉球
1号：粉红色与蓝色比例高，调整苍白的肌肤，加强红润感。
2号：米色比例高，适合肤色偏黄或暗沉的人，加强肤色的提亮。
3号：棕色比例高，适合健康小麦肤色增添光泽，或当作美容使用。
2 幻彩流星粉球使用小技巧
a.全部混合使用。b.单用1号的粉红色当作腮红，银白色当作high-light或碾碎加在身体乳使用。
c.单用2号的紫色刷在脸中央，有饰底乳般的效果，让肤色更明亮。d.单用3号的深咖啡色当作修容，香槟金色当立体高光增加肌肤光泽。

Kevin 老师来解救！
"肤色不均＆大小眼" 改造步骤全记录！

Step 9

黏贴双眼皮胶
a. 手上撕下眼头
将双眼皮贴撕下前半段的眼头。
b. 眼皮上撕掉眼尾
贴上双眼皮贴后，再撕掉后半眼尾的部分。
c. 撑起眼睛
最后利用双头叉撑起眼睛就完成。

Step 10

描绘眉毛
将眉尾拉长，眉尾结束的位置在鼻翼到眼角延伸线上。

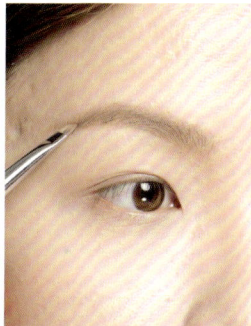

Step 11

调整眼皮暗沉
蘸取眼影盘中最浅的颜色涂在眼皮上，调整眼皮暗沉的现象。

Step 12

浅咖啡色晕染眼凹
浅咖啡色眼影顺着眼凹涂抹，能让眼妆更深邃立体。范围是闭上眼时，睫毛根部到眼球上缘处。

Step 13

连接下眼尾
在下眼尾三分之一处同样打上浅咖啡色眼影。

Step 14

连接上下眼线
沿睫毛根部描绘上下眼线，下眼线只用画后三分之一。

Step 15

唇部遮瑕
利用水状的遮瑕膏，先以笔刷涂抹后再用手指腹轻轻拍开，减低唇色同时也可模糊唇缘。

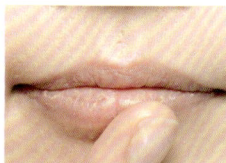

Step 16

涂抹裸唇
最后涂抹上裸色的唇膏。

我的推推

这个不用多说了，连很多明星都说这是心水大爱。幻彩流星粉球／GUERLAIN

完美折射光线，真的很能修饰肌肤瑕疵，珠光效果超赞，同时能抑制油光。幻彩流星靓白修颜液30ml／GUERLAIN

防风，防水，妆容持久不易晕染，还有配套的修笔刀。娇兰眼线笔#01／GUERLAIN

花纹好看，粉质细腻，一共有3个不同的色系，这次选的是大地色系的，最适合内双和单眼皮女生。金钻莹亮六色眼影#10／GUERLAIN

双层设计，有效提亮肤色，让肌肤光泽白净透亮。金钻靓白双色粉饼／GUERLAIN

9

缺点1： 眉峰被修掉，眉毛是八字眉！

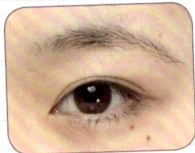

我的处方笺：

1 眉峰下方多修掉一些，将眉峰拔高。

2 将眉下杂毛与眉尾修掉，让眉峰重新长出来。

缺点3： 眉眼距离近，眉压眼！

我的处方笺：

1 妆感不要太重，只要强化睫毛，刷出浓密又根根分明的睫毛。

2 局部针对上眼尾与下眼尾，利用灰色与深蓝色做出眼睛轮廓。

缺点2： 颧骨两侧高，眼睛下方凹！

我的处方笺：

1 化妆的原则是将两侧收缩，打造中间的立体感。

2 选择浅一点的粉底或修容提亮眼下，记得要利用亮度，不要太厚。

3 画眼妆时，前半部浅色提亮，后半部用深色眼影加强眼尾，可收缩突出的颧骨。

姓名：申静雯
年龄：22岁
职业：护士
腾讯昵称：Iris

before

缺点4： 骨骼走向造成轮廓型黑眼圈！

我的处方笺：

1 选择米黄色的饰底乳加强眼周明亮度即可。

2 眼睛斜下方局部加强提亮，修饰拉提松弛、疲惫的双眼。

静雯说："原来一直修错眉形！今天经由老师的指导，终于知道该如何打理了！"

finish

Step by Step

Step 1
修杂毛
将眉峰下方到眉尾的杂毛利用修眉刀修掉，再利用小剪刀将较长的眉毛剪齐。

Step 2
修除baby hair
眉毛上方到太阳穴的baby hair利用修眉刀轻轻刮掉，会让底妆看起来更干净，同时让脸部更有轮廓感。

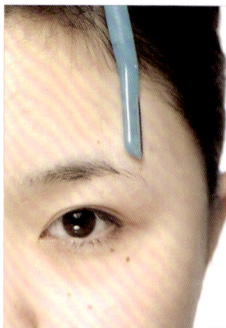

Step 3
画眉毛
画眉时从眉峰开始描绘，但因为静雯眉尾到发际线的距离较窄，所以眉尾要细长，才能将脸形拉长。

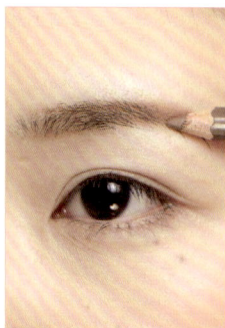

Step 4
BB霜打底
进行两次的BB霜打底，第一层从脸部中央开始涂抹，越到两侧量越少，第二层集中在眼下大三角区，再次进行脸中央的提亮。

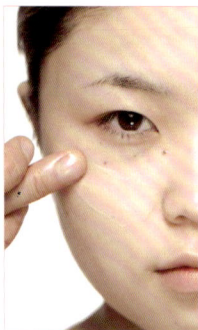

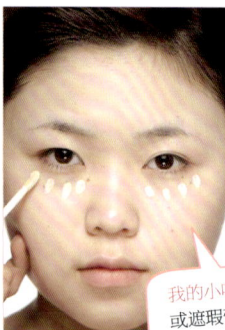

Step 5
提亮眼周
利用米黄色的修饰乳提亮眼下，修饰轮廓型黑眼圈，并将手上的余粉带到上眼皮，明亮眼周肌肤。

> **我的小叮咛：** 很多人会用粉底或遮瑕膏提亮，但那只会增加厚重感，米黄色饰底乳既能明亮肤色又能达到薄透效果。

Step 6
眼头下方提亮
局部提亮眼角斜下方。这里的肌肤容易松弛，加上轮廓关系看起来会特别暗沉，因此一定要记得特别加强。

Step 7
膏状腮红
选择粉橘色的膏状腮红，以Nike大钩的方式刷上，让脸中央更加饱满立体，自然地修饰脸形。

> **我的小叮咛：** 如果手边没有膏状腮红，可用不含晶钻亮粉的口红来代替。

Step 8
刷上蜜粉
利用矿物蜜粉顺着肌肤的纹理轻刷，因为粉里面包着水，轻刷时有水化开在肌肤上的触感。

> **我的小叮咛：** 1.使用矿物蜜粉后盖子一定要盖紧避免水分蒸发。2.笔刷每次用完后擦干并记得定期清洗。3.补妆时先利用干净的海绵按压浮粉，再开始补妆。

Step 9
眼皮前半段浅色
利用浅色眼影从眼球突出处往前轻刷，加强眼皮前半段的明亮感，同时也能让双眼皮更明显。

Step 10
晕染灰色眼影
选择灰色眼影，从眼尾往前顺着眼窝晕染，范围是眼尾后四分之一的倒三角区。

Kevin 老师来解救！
"眼下&颧骨明暗变化"改造步骤全记录！

Step 11

深蓝色眼线描绘

接着使用深蓝色眼影，从眼尾开始描绘，越往前越细，到眼头只要填满睫毛根部即可。

Step 12

描绘灰色下眼影

同样使用灰色眼影晕染下眼尾三分之一处，并连接上下眼尾三角区，利用灰色拉长扩大眼睛，达到颧骨的收缩效果。

Step 13

刷睫毛膏

利用间有两种刷头的睫毛膏，先用1档间距大的长短刷毛刷出浓密感，再用2档小间距刷出根根分明的效果。

Step 14

下眼头打亮

下眼头使用浅色带有珠光的眼影打亮，将光感集中在脸部中央修饰脸形。

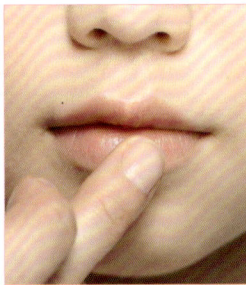

Step 15

手轻拍唇膏

用手指蘸取唇膏后，以轻拍的方式上妆，可改善明显的唇纹，创造自然的唇色。

汲取了椰子水的精华成分，使用起来特别水润清爽，而且真的很持妆哦！**不脱色™水漾矿物质粉／REVLON**

色彩很浓郁，妆感很轻盈但却持久。**露华浓流光凝采唇膏／REVLON**

粉末质地丝滑轻透，上色容易，轻松创造有层次感的立体眼妆。**露华浓睛绽五色眼影组合／REVLON**

我的推推

首创两档刷头，旋转刷柄顶盖就能变化刷毛组合，1档刷出浓密感，2档加强根根分明效果，想纤长想浓密都没问题。**睛绽双效睫毛膏／REVLON**

双倍柔胶的技术，能淡化细纹毛孔，保湿度也很高。**露华浓保湿修颜霜／REVLON**

13

水润肌、优雅眼
——暗沉妹变身气质女王

缺点1：肌肤干燥，两颊有斑点！

我的处方笺：

不要因肌肤干而不敢压粉，蜜粉有定妆的效果，可选择带有微亮珠光的蜜粉轻压，让底妆呈现光感而非雾面质感，加了光的肌肤看起来会比较水润。

缺点3：脸部肌肤暗沉！

我的处方笺：

1 选择具有珠光的饰底乳，在上粉底前大量地涂抹于全脸。

2 用含微量珠光的蜜粉轻拍定妆，利用光泽度来提亮肤色。

缺点2：有眼袋型加泪沟型黑眼圈！

我的处方笺：

1 用珠光饰底乳，在眼袋与泪沟下方加强涂抹，利用光线的明亮度来修饰。

2 使用遮瑕膏时，在眼袋的下方涂抹轻拍，千万不可在眼袋正上方遮瑕，会出现白白的色块，不自然。

姓名：辛李佳美
年龄：26岁
职业：企划
腾讯昵称：百合香幽

缺点4：眉毛颜色太黑！

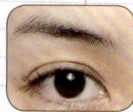

我的处方笺：

先用咖啡色的眉笔描绘眉毛，再用染眉膏先逆梳再顺梳，充分染到每根眉毛。

before

finish

佳美说："我最困扰的眉色老师轻松就帮我解决了！还将我变身为很有气质的名媛，真的好开心！"

Step by Step

Step 1

化妆棉加乳液
将乳液直接倒在化妆棉上，在脸部以画小圈圈按摩的方式去除老废角质，为肌肤抛光。

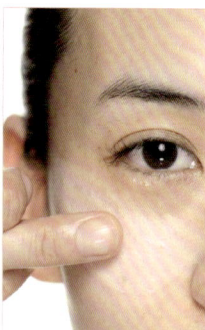

Step 2

涂抹隔离霜
在全脸均匀涂抹隔离霜，让肌肤呈现微亮光感，同时可让干燥的肌肤紧致水润。

Step 3

修饰毛孔
少量使用毛孔隐形霜，顺着脸颊的微笑线，由下往上轻拍抚平，切记不要全脸使用，也不要用力去推。

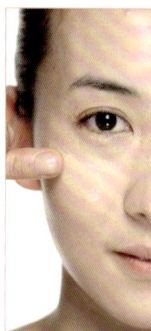

Step 4

涂抹粉底液
选择含有矿物质粉体的粉底液均匀涂抹全脸。

Step 5

泪沟与眼袋遮瑕
在泪沟处与眼袋的下方轻刷上遮瑕膏，再用手指腹轻拍均匀达到遮瑕效果。

Step 6

蜜粉定妆
选择有光泽的蜜粉，蘸取非常微量的蜜粉按压肌肤定妆，千万不要用蜜粉刷，会把底妆扫掉使得斑点再次出现。

After

Before

Step 7

泪沟与眼袋遮瑕
在泪沟处与眼袋的下方轻刷上遮瑕膏，再用手指腹轻拍均匀达到遮瑕效果。

Step 8

浅色晕染眼褶
蘸取打亮色，在眼球突出处与深灰色眼影的上缘轻轻晕染，创造立体光泽。

Step 9

深灰色下眼影
下眼影同样利用深灰色整个晕染，让上下睫毛根部都被深灰色包围住，创造出迷蒙又深邃的眼神。

Step 10

下眼头打亮
接着蘸取亮银色眼影，以海绵棒轻点眼头创造微亮感。

Step 11

描绘眼线
蘸取深灰黑色的眼线胶，沿着睫毛根部描绘出细细的眼线。

Step 12

刷睫毛膏
选择浓密型睫毛膏，在刷拭时能充分包覆每根睫毛，展现深邃漆黑的睫毛。

Kevin 老师来解救！

"肤色暗沉变明亮" 改造步骤全记录！

Step 13
咖啡色眉笔
选择咖啡色的眉笔先描绘出眉形，并将眉尾拉长。

Step 14
染眉膏先逆毛梳
使用染眉膏，先逆毛梳，使每根眉毛都充分沾附到颜色。

Step 15
染眉膏顺毛梳
再将染眉膏顺毛梳就能将眉毛全部染均匀。

> 我的小叮咛：用染眉膏时一定要先逆毛梳再顺毛梳，如果只顺毛梳的话容易结块。

Step 16
轻拍腮红
使用大支刷子蘸取腮红后，在笑肌处以轻拍的方式打上腮红，不要用刷的，免得刷掉底妆使雀斑再次出现。

Step 17
涂抹唇膏
最后在双唇均匀涂抹上莓果色的唇膏。

这五种颜色组合，特别适合高贵知性的眼妆，从打底到晕染勾勒，都很顺手。**幽蓝魅惑五色眼影 #008／Dior**

可以拉提睫毛，展现清晰飞扬的纤长卷翘妆感。**惊艳魔翘睫毛膏／Dior**

我的推推

浆果色的颜色很特别，质地也很轻盈，涂抹后双唇有特别的丰润水感。**魅惑唇膏／Dior**

包装很可爱，保水度高，妆感非常自然。**清透亮清新底妆粉／Dior**

含水量将近40％，所以涂抹的时候非常舒服，能确实遮盖瑕疵，打造出盈透底妆。**清透亮润泽粉底液／Dior**

缺点1：肌肤干燥导致两颊脱皮

我的处方笺：

1 妆前利用霜状保湿产品，不要用凝胶类，保湿力不够！

2 上底妆时，粉饼、蜜粉的量越少越好，用修容粉抛光，创造光泽水感。

3 晚上用小毛巾以画圈圈的方式，去除老废角质，改善脱皮。

缺点3：上唇的唇色较暗

我的处方笺：

1 先用护唇膏滋润唇部，上妆前用面纸抿掉后，再使用修容饼打亮上唇缘。

2 叠上裸色后，唇色立即变淡。

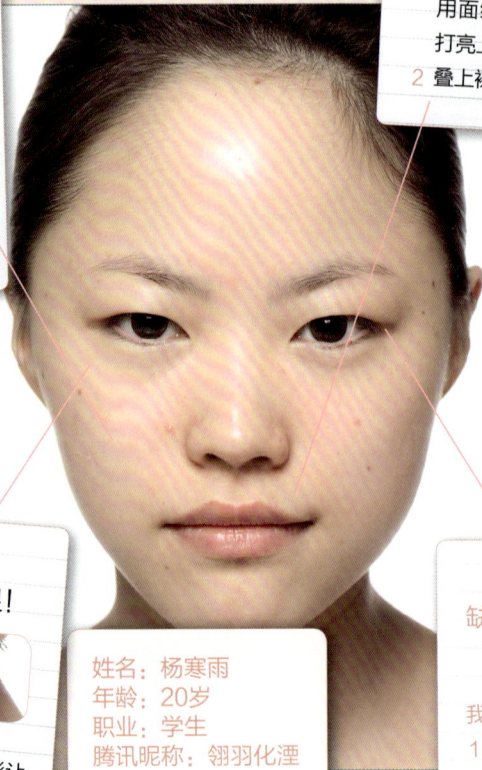

缺点2：泡泡眼太明显！

我的处方笺：

1 用不含珠光的基底色眼影让上眼皮收缩，没有时，可用眉粉来代替。

2 大地色、灰色、灰紫色、灰蓝色、橄榄绿色眼影都OK！

姓名：杨寒雨
年龄：20岁
职业：学生
腾讯昵称：翎羽化湮

before

缺点4：睫毛被内双眼褶折进去了

我的处方笺：

1 夹睫毛时要从睫毛根部夹起，彻底将睫毛往外翻开来。

2 假睫毛选尾端不太密的款式，眼神才会出来。

finish

寒雨说：" 平常妆后肌肤很干，老师化出来的肌肤好水嫩！"

Step by Step

Step 1
乳液加化妆棉
上妆前检查肌肤是否脱皮，有的话先将乳液倒在化妆棉上，在脱皮处以画小圈圈的方式去除脱皮。

我的小叮咛：一定要用乳液或是乳霜，油脂含量才够，不可用化妆水或精华液，否则会过度摩擦伤害肌肤。

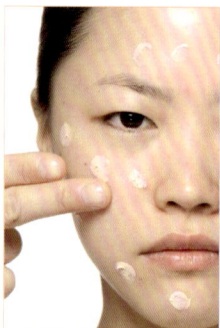

Step 2
隔离霜
选用具有持续保湿力的隔离霜，均匀涂抹全脸肌肤。

Step 3
粉底挤于手上
使用笔刷状的粉底，为避免挤出来造成局部不均状况，可先挤在手背上再蘸取。

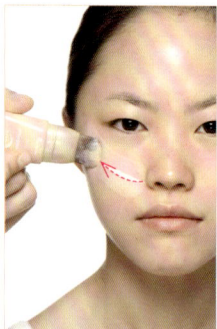

Step 4
微笑弧度上妆
从脸部中央由下往上以微笑弧度上粉底，可充分达到拉提修饰效果。修饰法令纹或嘴角纹效果尤其好。

Step 5
海绵轻拍刷痕
全脸均匀刷上粉底后，利用海绵以轻拍的方式，模糊脸上的刷痕。

Step 6
黑眼圈、细纹遮瑕
选择添加高保湿的膏状遮瑕品，对眼周与黑眼圈进行修饰。

Step 7
轻磨蜜粉后轻弹上妆
将蜜粉倒在手掌心上，用粉扑轻磨后使用。再以轻弹的方式在全脸拍上薄薄的蜜粉，完成定妆。

我的小叮咛：担心上完妆后看起来更干，或是不小心粉饼上太厚时，都可用修容粉抛光，可降低厚妆感，增加肌肤紧致度。

Step 8
打亮
在两颊、额头、眉心中央、鼻梁、笑肌到眼尾的微笑线处，利用修容粉轻刷达到抛光效果，让肌肤看起来更有光泽。

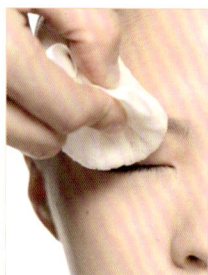

Step 9
眼皮压蜜粉
雾面眼影可收缩眼皮，但容易呈现明显的色块，造成不匀，因此记得先在眼皮上轻拍蜜粉！

Kevin 老师来解救!

脱皮改造步骤全记录!

Step 10

单色晕染

选用不含珠光、比肤色深一点的棕色眼影，从眉头下方到眼窝下方做大范围晕染。

Step 11

描绘深色眼影

接着换深棕色的眼影，从睫毛根部向上晕染到眼褶处。

Step 12

晕染眉头下方

利用眉粉在眉头下方的凹陷处轻轻晕染，让泡泡眼更往内缩，山根才不会看起来扁塌。

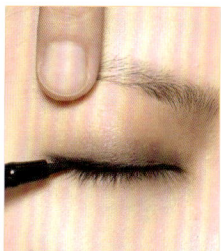

Step 13

眼尾加强眼线

描绘眼线时，眼头到黑眼珠上方越细越好，在距眼尾1/3处加粗加宽，平行拉长。

Step 14

山根打亮

利用修容粉在山根到鼻梁打亮，创造出鼻梁的立体感，切记不要打到鼻头喔!

Step 15

唇峰打亮

同样使用修容粉，以轻点的方式点在唇峰上缘，让唇形看起来更加立体。

Step 16

涂裸色唇蜜

最后涂抹裸色唇蜜，将上下唇色调整成一样即可。

我的推推

液体笔芯柔韧且稳定，一笔就可以描绘出清晰迷人的眼线，持久不晕染。**不脱色液体眼线液**／REVLON

淡化细纹与皱纹，紧致眼周肌肤，并提供充分的遮盖力。**修复再颜水润遮瑕乳**／REVLON

花纹像大理石一样美丽，特别的不脱色技术，全方位提亮肤色，呈现自然柔光无瑕。**不脱色矿物质修颜粉饼（粉红）**／REVLON

可提亮肤色，补充水分，让肌肤恢复健康活力，重塑光采。**修复再颜水养粉底液**／REVLON

完美贴合唇部，改善唇纹，发色明显，呈现诱人的镜面光泽。**流光凝采唇彩**／REVLON

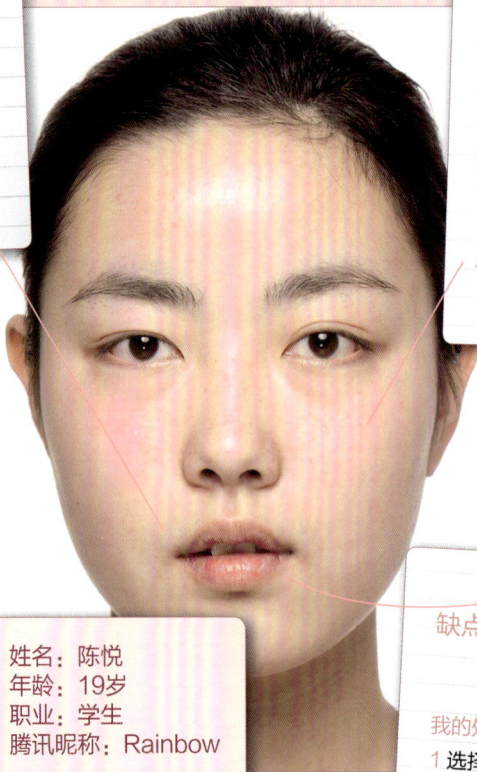

缺点1：咬肌较宽、两颊圆润！

我的处方笺：

1 针对脸缘刷深色阴影做出轮廓线，脸形才会漂亮立体。

2 选用显色的唇膏，如果唇色太淡，会让咬肌看起来更宽。

缺点2：两颊有雀斑，肌肤会敏感泛红！

我的处方笺：

1 妆前用化妆棉加美白化妆水画圈按摩进行去角质与淡化斑点。

2 选择具有光泽的提亮笔或修颜液来修饰雀斑。

3 利用两次上妆法上粉底，让底妆更加保湿，也让肤色更加水润透亮。

4 以粉扑轻轻按压进行二次遮瑕，不可用刷子画圈抛光。

姓名：陈悦
年龄：19岁
职业：学生
腾讯昵称：Rainbow

before

缺点3：没有护唇习惯，下唇色不均匀！

我的处方笺：

1 选择具有高保湿且具润色效果的护唇膏先厚厚涂抹一层，上唇彩时再擦掉。

2 选择显色度高的唇膏涂抹于双唇，修饰不均匀的唇色。

陈悦说：**"**平时都是中性打扮，今天一下子变得很有女孩子的味道，谢谢老师！**"**

finish

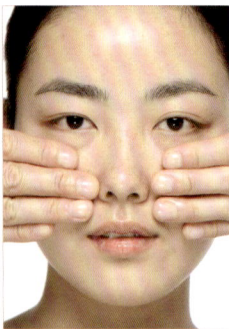

Step 1

妆前保湿

妆前利用水合青春活能精华露作提拉按摩，加强肌肤保湿度。

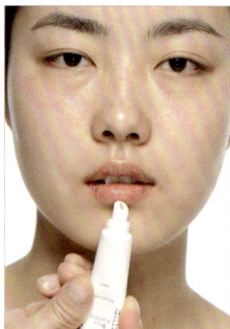

Step 2

涂抹护唇膏

先涂抹护唇膏，滋润抚平唇纹，带出自然的粉唇色。

Step 3

局部打亮

针对有雀斑的两颊，在不超过眉尾到下巴的中央范围内，利用提亮笔打亮。

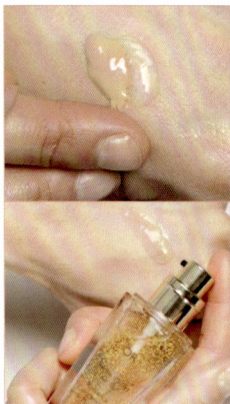

Step 4

粉底加修颜液

修颜液可局部修饰脸部的暗沉，和粉底能一起调和创造出清透的妆感。

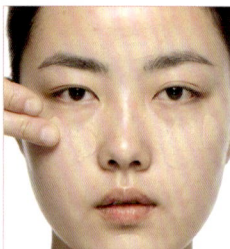

Step 5

局部上粉底

使用亮白粉底，局部涂抹在两颊、T字部位，用手指腹或海绵轻轻按压。

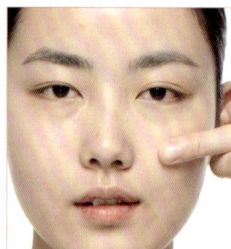

Step 6

再轻拍一层粉底

接着在局部有瑕疵的两颊加强轻拍第二层。

Step 8

提亮眼下

利用笔刷蘸取白色粉饼轻刷在眼下，打亮泪沟与黑眼圈。

Step 9

咬肌修容

从咬肌处顺着脸缘轻刷到下巴，创造出脸部的立体轮廓线。

Step 7

按压粉饼

将粉扑在粉饼上有弧度地蘸取后，在两颊、T字部位轻轻按压，达到完美的遮瑕效果。

Step 10

晕染湖水绿

用手指腹蘸取湖水绿色眼影，从睫毛根部往上晕染到眼窝。

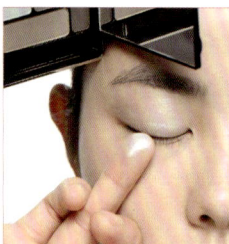

我的小叮咛：拥有像陈悦一样清新气质的女生，很适合单色眼影晕染，眼神明亮，眼周干净。

Kevin 老师来解救！
"圆润脸＆雀斑肌"改造步骤全记录！

Step 11

夹睫毛
从睫毛根部将将睫毛夹翘，尤其用淡色眼影时，睫毛一定要有卷翘的效果。

Step 12

刷睫毛膏
刷上睫毛膏，利用内含的弹性纤维达到睫毛的塑形效果。

Step 13

梳开纠结处
每刷一次睫毛就要用小钢梳梳开纠结处，让睫毛的根根分明感立现。

Step 14

再刷一次睫毛
全面性地刷过睫毛，再次拉长睫毛并创造出浓密感。

Step 15

刷细小睫毛
针对细小的睫毛如眼头、眼尾、下睫毛，利用小刷头仔细刷拭。

Step 16

涂抹唇膏
选择粉红色的唇膏直接涂抹在双唇上，增加唇部的显色度。

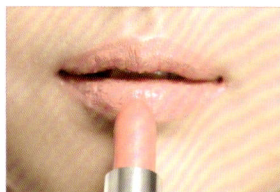

Step 17

刷粉红色腮红
在笑肌下方微笑线处刷上粉红色腮红，均匀雀斑与肤色之间的差距。

我的推推

这一瓶真的有加入24K纯金！全天完美贴合肌肤，令妆容一整天都完美无瑕。金钻亮采凝露 30ml／GUERLAIN

既是粉底液，又是粉底刷，一举两得。在底部轻轻一按，一次的用量就有了，完美雕塑脸部线条。金钻靓白修容粉刷 16ml／GUERLAIN

质地轻盈通透，很贴合肌肤，含有的深海矿物水能温和地滋润皮肤。金钻润颜粉底液 30ml／GUERLAIN

非常舒服的霜膏质地。有效预防唇纹，干裂。流金秋季唇油／GUERLAIN

六种不同的颜色搭配，根据不同选择，可以打造出或"同色搭配"，或"优雅"，或"烟熏"的不同妆感。金钻莹亮六色眼影 #29／GUERLAIN

缺点1：肤色偏黑且暗沉，没有透亮感。

我的处方笺：

1 三段式的按摩，促进血液循环，肌肤自然会变得更明亮。
2 妆前按摩后再利用轻薄的底妆，打造出明亮钻石光般的肤质。
3 上底妆时以脸部为中心，将中央提亮，两侧修容。

缺点3：鼻子有黑头、粉刺！

我的处方笺：

1 洗完澡后立刻使用含有pitera的神仙水，以化妆棉画圈擦拭容易长粉刺的部位，达到深层清洁的效果。
2 定期去角质，搭配美白产品，长期坚持让肌肤质感透亮。
3 上粉底前选用兼具美白与保湿效果的精华露与修护霜，让肌肤水份丰沛。

缺点2：太阳穴凹，八字眉，上半脸看起来太窄！

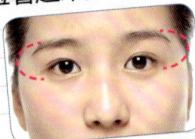

我的处方笺：

1 将眉尾下方杂毛清理干净，调整出漂亮的弧度。
2 利用染眉膏将眉色染浅，淡化眉毛的存在感，让太阳穴更加饱满。
3 局部在太阳穴的外侧C区加强打亮，让太阳穴往外突起来，也可改变脸形。
4 化眼妆时不要将眼形拉长，会让太阳穴看起来更窄。

姓名：王丽浩
年龄：23岁
职业：职员
乐蜂网昵称：麻雀316

缺点4：上唇唇色较深且干燥。

我的处方笺：

1 睡前涂一层厚厚的护唇膏保养，上妆前也先涂抹护唇膏，等上唇彩时再用面纸擦掉。
2 利用裸色的唇线笔或遮瑕膏修饰偏暗的上唇。

before

丽浩说："三段式的按摩手法好神奇！不但有小脸的感觉，连肤色都变得跟钻石一样亮，还有许多杂志上看不到的化妆小技巧，一天就学到满满的美妆知识，好充实。"

finish

Step by Step

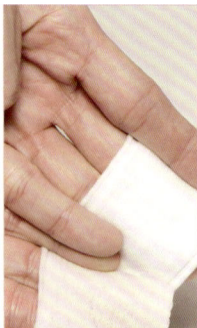

Step 1

化妆棉加嫩肤清莹露

以嫩肤清莹露稍加按摩，高度保湿的同时，还可以再度清洁皮肤，让皮肤变得更嫩白。

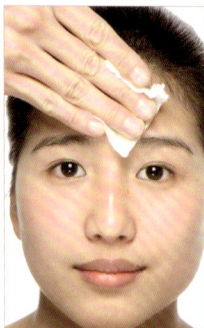

Step 2

全脸按摩

妆前先将护肤精华露倒在化妆棉上，全脸画圈圈进行按摩，让肌肤透明感十足且容易上妆。

Step 3

涂抹美白精华露

崭新美白成分，鞠酸比传统成分更显功效，独特的乳液质地触感细腻，吸收超快，提升肌肤光泽，每次只用一滴的量就够了。

Step 4

妆前按摩1

将食指中指、无名指小指部分别并拢，从鼻翼开始→嘴角→颧骨下方→耳后做按摩。

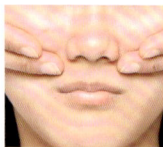

Step 5

加强按摩

要让肌肤透亮，可以直接使用美白精华露来按摩，不需要用瘦脸霜，妆会不服帖。

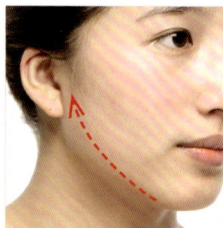

Step 6

妆前按摩2

接着换下巴下方→脖子→耳朵旁边淋巴，按压耳边上下的穴道再放开。

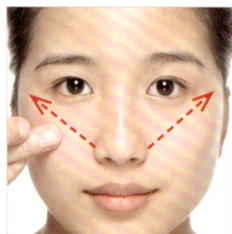

Step 7

妆前按摩3

最后使用食指中指，从鼻翼→笑肌→太阳穴上方→发际线转一圈再放开。

Step 8

涂抹修护霜

使用冻膜质地的修护霜加强保湿，让肌肤更柔滑，能促进美白成分的长效渗透与吸收使后续的底妆更服帖。

Step 9

加强眼周

以修护霜轻点在眼下，从下眼头往眼尾轻抚带过，并利用手上剩余的修护霜带过上眼皮。

Step 10

微笑弧度上粉底

用画圈的方式沾取粉底，从两颊中央以微笑往上的走法，薄薄地推开粉底。

我的小叮咛：白色可平衡肌肤光彩，褐色能达到完美遮瑕，两者混合则底妆透亮又无瑕。

Step 11

菱形手法上粉凝霜

在画框的范围内再次使用粉凝霜，达到立体效果。丽浩的皮肤暗沉，认真做好妆前保养步骤，才能化出完美的美白裸妆。

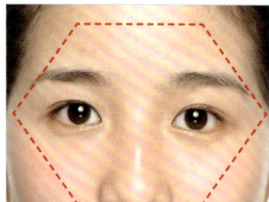

Step 12
调整眼皮颜色
利用米黄色的眼影晕染整个眼窝，调整眼皮的暗沉现象。

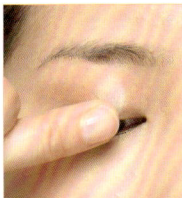

Step 13
太阳穴打亮
同样使用米黄色眼影，从眼尾往后轻拍延伸到到太阳穴的位置，改善凹陷的轮廓。

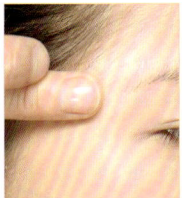

Step 14
晕染大地色眼影
选择微量珠光大地色眼影，在整个眼窝处晕染，不要超过双眼皮褶。

我的小叮咛：健康肤色的人，建议选用具有光泽感的眼影，会让肌肤质感变好。

Step 15
晕深咖啡色下眼影
选择深咖啡色眼影，以轻点再左右晕开的方式晕染下眼尾。

Step 16
白色下内眼线
利用带有珠光的白色眼线笔描绘下内眼线，可让眼睛往下放大。

Step 17
裸色唇线笔
以裸色唇线笔在上唇唇缘描绘出明显的裸色色块。也可以用遮瑕膏，但要用干净的笔刷蘸取。

Step 18
笔刷晕开
接着用干净的笔刷，将唇缘的色块往唇中央刷开，调整颜色较深的上唇。

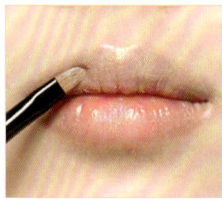

我的小叮咛：如果要将唇线当作遮瑕使用时，挑选笔芯较软的，保湿度才好。

我的推推

我很喜欢这瓶精华液的质地，推开的瞬间感觉推开了好多的水分与保养成分，完全不感到油腻，很好吸收！加上经典成分 Pitera 帮助加快肌肤的代谢与更新，还有最新的美白成分菸酰胺，改善黑色素与斑点问题，是一瓶不会造成皮肤负担又有效的保养品喔！**环彩臻皙精华露／SK-II**

帮助老旧角质新陈代谢，改善肤色暗沉；促使角质层有效保水，给予肌肤深度滋润；促进肌肤新陈代谢。**护肤精华露 150ml／SK-II**

以三种独家成分调配而成的环彩钻白复方，全方位提升肌肤丰盈度，减少黑色素生成。如同乳霜一般的细腻质地，拥有轻盈的触感，均匀覆盖肌肤后能迅速吸收。**环采臻皙修护霜／SK-II**

上妆同时保养，含一层粉霜和一层美白成分，并含 SPF23 和 PA++，有效隔绝阳光伤害，妆后肌肤自然透亮。**环采臻皙粉凝霜／SK-II**

拯救严重黑眼圈
——为你的熊猫眼举办告别式

缺点1： 一整圈的严重黑眼圈外加眼袋！

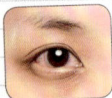

我的处方笺：

1. 妆前的眼部按摩以滑动、按压、拍打的手法，促进眼周血液循环。
2. 以提亮、中和、遮盖、定妆四种技巧来遮盖黑眼圈。
3. 粉底的颜色选深一号，使用遮瑕膏时才不会有黑黑脏脏的感觉。
4. 黑眼圈的人一定要画腮红，可以转移视线焦点。

缺点2： 眼周肌肤干，已有局部细纹，再不保养会变老太婆！

我的处方笺：

1. 多使用加强眼周的水分与紧实度的保养品。
2. 不要用太干的遮瑕产品，会卡粉。

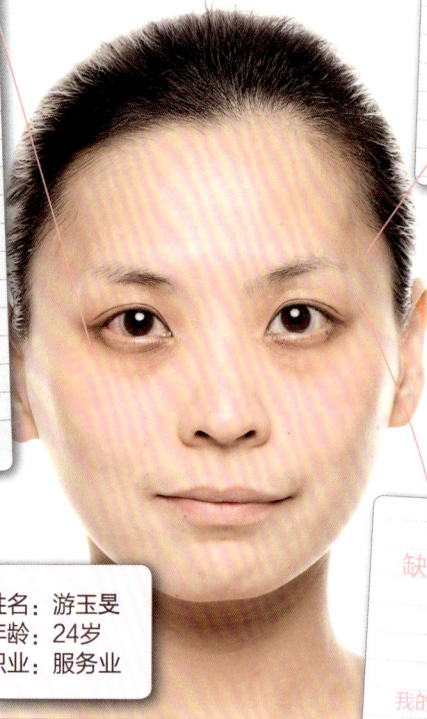

姓名：游玉旻
年龄：24岁
职业：服务业

before

缺点3： 眉头太低压迫眼睛，黑眼圈更明显！

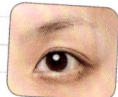

我的处方笺：

1. 眉头下方多修一点，使眉眼距离分开，利用空间感换取明亮度。
2. 眉色不要过浅，会与黑眼圈产生比较色，选择咖啡色最佳。
3. 不要使用颜色过深的眼影，金色能让眼神变得更明亮。

受访说："原来黑眼圈不是一个遮瑕膏就可以搞定的，老师每一层的遮盖都薄，很仔细，我还会好好学起来的！"

finish

Step by Step

Step 1
敷眼周
准备纱布或小毛巾，利用冷水与热水交替敷，直接从鼻梁横向盖住眼鼻，同时指腹向外滑动，利用温度加速血液循环。

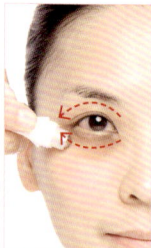

Step 2
舒缓眼周
利用黑眼圈笔滑动上下眼皮，达到舒缓镇静的效果。

Step 3
滑动
涂抹眼霜后就可直接进行眼周按摩，利用指腹分别从上下眼头往外滑动。

湿敷泪沟：泪沟明显的人，将化妆棉剪成小块，蘸湿化妆水后湿敷在泪沟处。

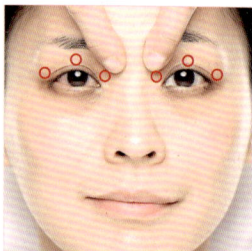

Step 4
按压
接着分别按压上下眼周的前、中、后三点。

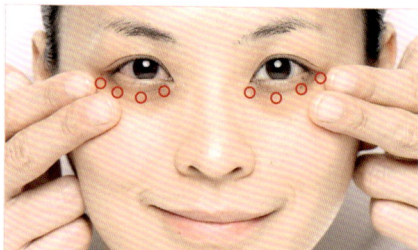

Step 5
拍打下眼周
最后以指腹像弹钢琴般，轻轻拍打下眼周即可。

Step 6
提亮
利用兼具保养功能的提亮产品，提亮眼袋下方，再用指腹轻拍。

我的小叮咛：三种黑眼圈的提亮法。

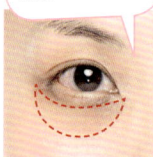

一般型黑眼圈画颧骨上方。

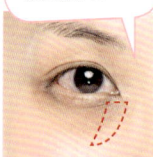

泪沟型只靠近眼头提亮。

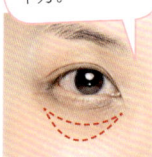

眼袋型画到眼睛下方。

Step 7
橘色中和
选择橘色的液状遮瑕笔，轻点在整个黑眼圈下方，记得一定要用液状才不会厚重。

Step 8
指腹轻拍
用指腹轻拍，以指腹温度增加服帖性，中和与肤色间的色差。

Step 9
米黄色中和
接着换米黄色从黑眼圈下方开始点上，并带到上眼皮，再用指腹由下往上拍打均匀。

Step 10
遮瑕
大面积地从黑眼圈下方轻点遮瑕膏，再用指腹轻拍均匀，千万不要从睫毛根部开始，会卡粉且无法晕出自然感。

Step 11

白色蜜粉定妆
先用白色蜜粉在整个眼周轻扫，加强遮瑕膏的服帖性。

Step 12

粉饼定妆
最后用粉饼轻轻拍打眼周肌肤即可。

遮瑕完成！

Step 13

画眉毛
将眉头往上画，眉色加深，眉形不要画太细。

Step 14

香槟金眼影
上下眼皮打上添加晶钻的香槟金眼影，可修饰遮瑕不够完美之处。

Step 15

画上腮红
先用浅水蜜桃色，从眼下大面积画椭圆形腮红，再改用橘色于笑肌顶点刷开口笑形状。

我的推推

一物多用，用在上眼皮，能矫正东方人特有的暗沉肌，叠上眼影后更显色更持久；用在黑眼圈下方，能中和色差，遮瑕效果好。**水润光光匀亮眼膏 /BeautyMaker**

轻轻涂抹马上融入肌肤上，完全没有粉的痕迹，本身又具有美白保湿的功能，上妆同时也保养。**传明酸美白保湿粉饼 / BeautyMaker**

这是一个充满幸福滋味的产品哦，不论是粉红或者蜜桃颜色都非常自然不做作，能展现出恋爱中女生的好气色。**恋爱小粉扑 / BeautyMaker**

可以有效修饰暗沉肌肤，让肤色更明亮！因此它不仅仅是一支遮瑕笔，更是一支全方位的亮采笔。**魔法光亮采遮瑕笔 / BeautyMaker**

散发着细致而淡雅的珠光色泽，却又不会变成泡泡眼的大地色系组。**超完美立体大眼5色眼影组 / BeautyMaker**

质地细致并带有微微光泽感的遮瑕膏，在黑眼圈处轻点按压，再以上下来回的方式晕染开，就可以遮得自然无瑕！**水润光眼部遮瑕膏 3g/ BeautyMaker**

Kevin
十美图

你知道 Kevin 是个好老师，
他教我们打好轻透底妆，搞定眼线，描绘美唇；
但 Kevin 不只是个优秀的彩妆老师，
更是充满创意的彩妆艺术家，
十位女艺人在他的巧手下，
不仅有了不同的面貌，
还有了新的灵魂。

裸 *Nude*

路嘉怡

Kevin 如是说：化妆应该是增加自信的一种方法，而不是躲在另一个不属于自我的面具之下，甚至于害怕面对卸妆后的自己，所以，找出属于你的美。

唇 *Lips*

刘乙瓅

Kevin 如是说：唇，是女性脸部五官中
最性感的部位，不管是厚唇、薄唇、炽热
的红唇或低调的裸唇，那紧闭或微开的双
唇，总能勾动人心中的那一把激情火。

眉
Eye Brows
刘喆莹

Kevin 如是说：女人，你是幸福的！
你总能在不同的时间，不同的场合轻
松地转换你八面玲珑的百变风情，是
女？抑男？

眼 蔡诗芸
Eyes

Kevin如是说：在层层色彩堆叠中，在
厚重线条描绘下，即使换上了不同的
发色，依然掩藏不住你那如水般流转
的眼神。

林若亚
Girl's Power

Kevin如是说：彩妆之所以迷人，就在于完成的瞬间，犹如诞生了另一个全新的生命，
女人啊！在全新的世纪展现你的柔情之余，让全世界看见你的力量吧！

力 彩

Dissolving

Akemi

Kevin如是说：像云般的晕染，是柔软的，是飘渺的，
是彩妆最美的层次，也是女人最美的状态。

大牙
Characters

Kevin如是说：彩妆像一个为演员量身打造的剧本，化完不同的妆，看着镜中的自己，你会惊讶于那不同的眼神，不同的举动，不同的性格。

格 幻
Fantasy
莎莎

Kevin如是说：是泪？是幻！是真？是假！爱我？不爱！让我抽离吧！在没有人的彩妆世界里。

Color

色

许维恩

Kevin如是说：色彩的魔力，有时来自像协奏曲般的和谐舒适或摇滚乐的狂野冲撞，当然，迷幻的电子乐与闪亮的迪斯科风情，都能让色彩的力量极大化。

净
Pureness
林立雯

Kevin如是说：妆，是不是一定要拥有七
彩的颜色？有时回归至最原始的白，反而
让人感受到眼神中最透明的纯净。

惊叹连连的
素人改造

当然，我们都不完美，
但每个人都有变美的权利！
20位素人，
各有各的缺点，各有各的困扰，
Kevin老师不但教我们利用彩妆
修饰缺点、解决困扰，
更重要的是
要保持自我，因为彩妆是变美的工具，
而非不真实的面具。

肌肤出油严重
——如何脱掉油光、换上粉嫩

缺点1：肌肤出油严重

我的处方笺：

1 早上洗脸时尽量用冷水，以避免毛孔因水温而扩张，造成出油更严重。

2 控油类的产品晚上最好不要用，因为睡眠时毛孔会张开，容易造成吸附油脂的粉末阻塞毛孔。

3 吸油能力佳的粉饼，可以在易出油的局部使用。

缺点3：眼皮也有出油现象！

我的处方笺：

用粉饼或浅色的眼影，以刷子刷于眼皮。

缺点2：眉眼的距离近

我的处方笺：

1 不要画鲜艳的眼影或明显的眼线，会让眉眼看起来更近。

2 画眉毛时将眉毛往上加粗。

3 利用染眉膏将眉毛往上梳一点。

姓名：黄靖涵
年龄：27岁
职业：护理师

缺点4：粉底持久力不够，一下子就脱妆了！

我的处方笺：

1 从粉底的选择开始调整，选轻薄且能吸附油脂的底妆产品。

2 上妆前利用冰敷，先让皮肤温度瞬间降低，减少油脂分泌。

before

靖涵说：❝原来要选择持久力高的粉底，才能解决出油脱妆的问题呢！❞

finish

Step by Step

准备冰块、薄毛巾（越薄越好）、外科手术手套（药店就能购买）。

Step 1
制作冰敷枕
将冰块放到手套里，打结，再用薄毛巾包起来。

Step 2
局部按压出油部位
在容易出油的部位局部按压，尤其两颊毛孔大的地方可以多压几次。

Step 3
局部使用控油饰底乳
控油饰底乳局部用在T字、鼻翼两侧易出油处，顺着毛孔的方向涂抹，鼻子由下往上、两颊以微笑的方向推匀。

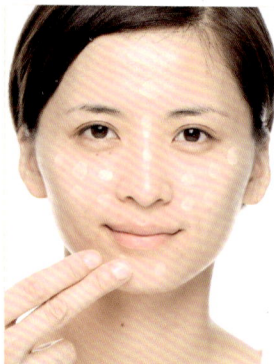

我的小叮咛：两颊会脱皮或长斑的人就不要用控油饰底乳。

Step 4
用浅一号的粉底在T字区与脸颊
选用浅一号的粉底使用在两颊与T字区，由中央往外推。记得！要上哪里就点哪里，不要全脸涂抹。
Point! 下巴较短的人，局部使用浅色粉底，就能利用明亮效果将脸形拉长。

Step 5
黑眼圈用遮瑕笔
要均匀眼下黑眼圈与肤色的色差，要先用偏棕色的液状遮瑕产品，直接点在黑眼圈下缘，用指腹轻拍均匀。上眼皮也这样用。
Point! 如果黑眼圈很严重遮不住，最后再用膏状遮瑕品轻点，就不会有细纹或厚重感。

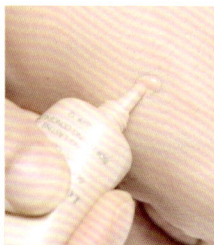

一粒豆大小的量就好！

Step 6
遮瑕霜提亮肤色
用贴近肤色的遮瑕霜，先点在手背上用指腹推开，再轻拍黑眼圈下缘，往下延伸到脸下的大三角，达到提亮效果。

我的小叮咛：脱妆到不脱妆的关键就在"很薄的层叠"，宁愿少量多次，每一层都自然薄透，就算脱妆也看不出来。

Kevin 老师来解救！
"出油脱妆问题"改造步骤全记录！

Step 7
加强鼻翼两侧
用最小支的笔刷，蘸取遮瑕膏或粉底，在容易脱妆的鼻翼两侧加强，脸上有斑点、痘疤都可以这样遮。

> 我的小叮咛：
> 如果没有小笔刷，你可以用：1.小唇刷。2.最小的扁形水彩笔。

Step 8
吸油
若化妆时脸已经在出油，直接用粉饼会结块，可以先用蜜粉吸附油脂，用刷子蘸取非常少量的蜜粉，全脸轻轻刷过。

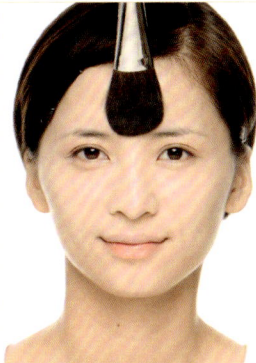

Step 9
再用粉饼加强
再用粉饼轻点滑开，会发现肌肤更滑顺，且服帖度更好，粉底也不会厚重。
Point! 做了重度遮瑕的部位，粉饼只要轻拍就好。

> 我的小叮咛：油性肌肤要选择持久力、控油力、防水性都好的粉饼。

Step 10
眼皮控油与打亮
用大支的眼影刷蘸取粉饼，轻刷上眼皮，可以让眼皮与肤色一致，并达到控油效果。

Step 11
打亮眼窝
用最浅的大地色系或微珠光眼影，在眼球正上方凹陷处来回晕染打亮。
Point! 因为眉眼的距离近，不要打亮眉骨，也不要用鲜艳的眼影或画粗眼线。

Step 12
细细的眼线
眼线笔贴近睫毛的根部描绘，画到越里面越好，到眼尾三分之一处再加粗，并往外拉长。

Step 13
眉毛往上多画一点
要拉开眉眼距离，首先保持眉下干净，用眉笔往上多画出去一点。
Point! 眼睛大，眉毛不要修太细，否则比例会很奇怪！

Step 14
染眉膏15度画上
用咖啡色的染眉膏，以45度角往上刷，眉毛就不会有掉下来压迫到眼睛的感觉。
Point! 黑色的眉毛会有压迫感，用染眉膏将眉毛染成咖啡色。

Step 15
打上腮红
选用水蜜桃或珊瑚色腮红，大面积刷在笑肌位置上。

49

肌肤太干，底妆不服帖
——干美眉的水嫩妆

缺点1：两颊有雀斑、角质层干燥

我的处方笺：

1 粉底除了遮瑕力强，也要注意保湿度。
2 妆前保养很重要，上妆前做好脸部按摩，加强底妆服帖度。
3 从隔离霜开始就选有保湿效果的，后续的每一样底妆品也都要能保湿。
4 虽然粉饼可以定妆，但会让皮肤更干，所以最好少用。

缺点3：有泪沟型黑眼圈

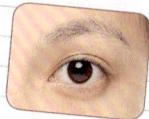

我的处方笺：

1 不要全面式的遮瑕，看起来很假，也不要用干的底妆品。
2 用眼霜局部涂抹在眼头三角小半月形位置，或敷眼膜加强保湿。
3 放一点微量珠光在泪沟位置，利用珠光打亮，修饰泪沟。

缺点2：小脸大眼，眉峰太靠前，看起来像小鹿斑比！

我的处方笺：

将眉峰往后修，但不要修太细。

姓名：张芳瑜
年龄：20岁
职业：学生

before

缺点4：下巴较短，额头看起来大

我的处方笺：

1 额头:眉心到鼻头:下巴的完美比例为1:1:1。
2 将下巴提亮，调整脸部比例。

芳瑜说："原来我以前的底妆方法都是错误的，谢谢老师让我改造后肌肤看起来好水嫩！"

finish

Step by Step

Step 1
拍打化妆水
干性肌肤角质较硬，先大量拍打化妆水，再次清洁且柔软角质层，尤其容易干燥的两颊加强拍打。

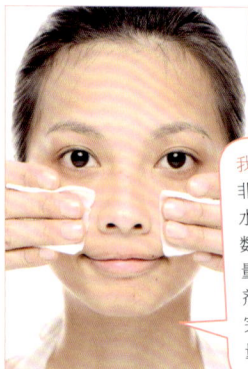

> 我的小叮咛：我非常喜欢用化妆水，尤其现在多数化妆水含有大量高机能保湿剂，每天早上洗完脸后一定会大量拍打。

> 我的小叮咛：将特润修护露约五滴的用量滴在手心上。

Step 2
涂抹全脸
由下往上涂于脸上推开，这款修护精华有优异的保湿效果，推荐干性肌肤妆前使用。

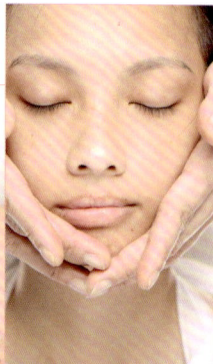

Step 3
轻压眼头泪沟
眼霜涂抹于眼下后，利用指腹上剩余的量轻压眼头，当成面膜一样敷，改善泪沟的干燥现象。

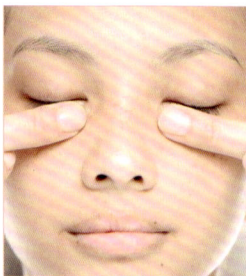

Step 4
涂抹隔离霜
选择具有保湿效果的防晒隔离霜，全脸均匀涂抹。

Step 5
轻拍粉底液
从两颊中央往外开始上粉底液，用轻拍轻点的方式均匀推开。
Point! 芳瑜T字部位会出油，建议挑选持久力强、具有补水功效，并能帮助局部控油的粉底。

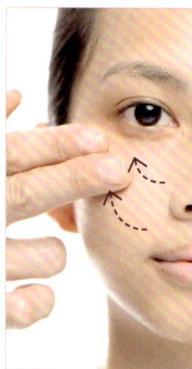

Step 6
少量遮瑕
干性肌肤细纹与斑点多，将遮瑕品局部拍打层叠在斑点严重处，少量多次完成遮瑕。

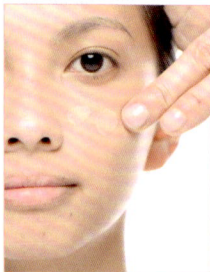

Step 7
遮黑眼圈
使用湿润型的遮瑕膏点在眼周，并用手轻点推开。

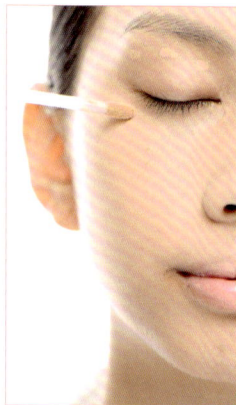

Step 8
提亮下巴
将遮瑕膏涂抹在下巴下面的三角处，推开时要往下推，不然下巴会变成四方形。

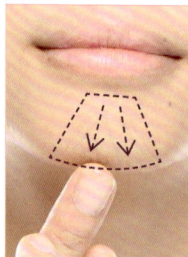

Kevin 老师来解救！
"干燥肌肤底妆不服帖" 改造步骤全记录！

Step 9

粉饼轻拍定妆

因遮斑处粉感较厚，用粉饼定妆一定要蘸很少量，轻拍全脸，千万不要用推的或拉的方式。

Point! 这块粉扑有两面，羽绒短毛这边当作蜜粉定妆，另一边是传统型海绵，可以当做粉饼上妆。

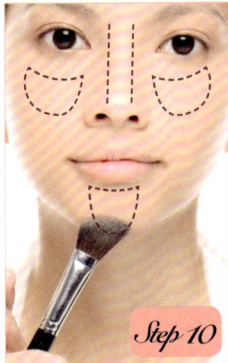

Step 10

刷珠光蜜粉

一点点微亮珠光蜜粉刷在凸起的部位：鼻梁、笑肌与下巴，让粉看起来不那么厚，创造自然透亮光泽感。

Point! 芳瑜眼睛很大，光泽感底妆看起来会比较有精神。

Step 11

提亮眼窝与眼头

先用香槟金色调且带点珠光的眼影，打在眼尾到眼窝的下方，提升自然的肌肤光泽，再打亮眼头上下内凹的位置，让两眼的距离变宽。

Step 12

画眉毛

以自然的咖啡色眉粉，填补眉毛空隙就可。

Step 13

画眼线

画上拉长版内眼线。

Point! 圆形眼一定把眼线藏在睫毛根部，看起来才不会太可爱。

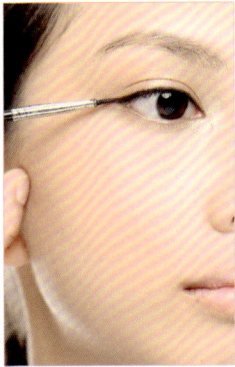

Step 14

眼尾加深

沿着眼线的位置，再叠加上深咖啡色眼影，尤其眼尾拉长的最后一小段要做宽。

Step 15

刷睫毛

仔细将上下睫毛刷上黑色睫毛膏。

Step 16

打上腮红

选择带有珠光的腮红，直接刷在笑肌的位置，不要低于笑肌位置，才能在比例上延长下巴。

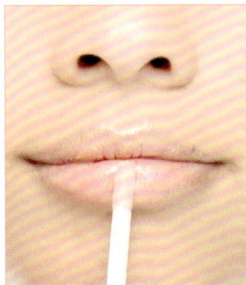

Step 17

涂抹唇蜜

用带有光泽的裸色唇蜜，直接涂抹于双唇。

Point! 不要用可爱的粉红色，下巴短的人也不可用明显的红色。

B-3 帮你的暗沉肌肤上亮光

缺点1：肤质好，但是肤色暗沉且不均！

我的处方笺：

1 肤色不均是长时间的角质堆积造成的，一周进行两次的去角质，再搭配美白产品才能有效地均匀肤色。
2 用液状遮瑕品，达到不让人发现的心机裸妆。
3 一定要做好完整的防晒，才能避免暗沉不均越来越严重。

缺点3：眼睛大却没有精神！

我的处方笺：

1 不强调眼影的晕染，以长形眼线画法来达到深邃感。
2 用彩色的眼线笔会让眼睛看起来更有光彩。

缺点2：上下唇的颜色不一样！

我的处方笺：

1 利用遮瑕膏打底修饰唇色，创造流行的裸唇效果。
2 用唇膏也可以修饰唇色不均的缺点。

姓名：李芳文
年龄：20岁
职业：学生

缺点4：眉毛太豪迈，不够秀气！

我的处方笺：
用打薄的方式修剪就好。

before

54

finish

芳文说："老师用BB霜就可以让我的底妆看起来超透明，原来这么简单就可以改善肤色暗沉偏黄的困扰，真是太神奇了！"

Step by Step

平日去角质 1

用量一点点
晚上清洁脸部后，用含有海藻胶的去角质产品，以轻推的方式让角质剥落。

平日去角质 2

每周1~2次
以画圈的方式去角质，会自然有屑屑剥落，每周进行两次，但提醒干性肌肤一周一次就好。

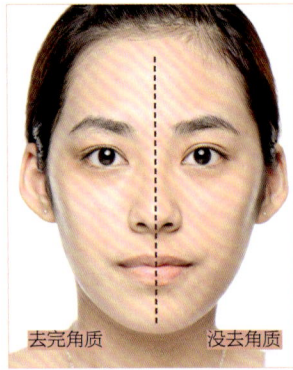

去完角质　　没去角质

开始上妆！
Step 1

梳理眉毛
利用螺旋梳从眉头往后到眉峰，以45度角先梳理，才不会在修剪时有缺角。

Step 2

长度打薄
用小梳子撑住，剪刀以45度角将眉毛修短打薄。

Step 3

修饰毛孔
少量使用毛孔隐形霜，顺着脸颊的微笑线，由下往上轻拍抚平，切记不要全脸使用，也不要用力去推。

我的小叮咛：1.BB霜是含有保养功能的彩妆，不可当作保养品在晚上使用。
2.氧化铁含量过多的BB霜会让肤色看起来灰灰的，建议可以与自己的粉底调和，或是加入黄色的饰底乳（千万不要紫色），根据需求BB霜与粉底的比例为3：1或2：1都可以。

Step 4

上BB霜
用法跟粉底一样，少量多次，由中央往旁边推开，局部加强眼下，不要一下子上得太厚重。

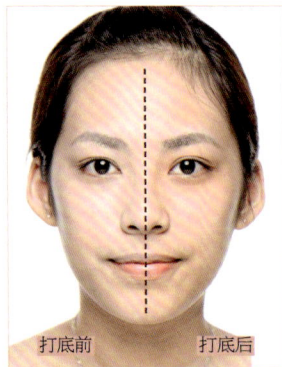

打底前　　打底后

Step 5

局部用液状遮瑕
液状的遮瑕产品可与BB霜融合在一起达到裸肌效果，在眼下、鼻翼、法令纹、嘴角处做遮瑕。

Step 6

液状腮红

液状腮红以轻点的方式打上，可以保持肌肤的轻透感。

我的小叮咛：如果肌肤状况不好的人，在使用粉底之前用腮红。

Step 7

蜜粉

先在手上拍

将粉扑先在手上拍过，可以避免一下子上太多蜜粉。

Step 8

轻拍蜜粉

轻拍蜜粉定妆，因为粉量少能让粉末更服帖，底妆的完整度更好。

Step 9

打亮眼皮

在眉下眼凹下方的蜗牛形范围，以基本的大地色调提亮眼皮光泽度。

Step 10

彩色眼线

眼睛很漂亮的人可以尝试彩色眼线，沿着睫毛根部轻轻描绘，不要太粗或太明显。

Step 11

画内眼线

运用眼线液用点的方式填补睫毛根部，加强睫毛的浓度。

Point! 因为眼睛大，眼线画太粗反而会使眼睛变小！

Step 12

融合式下眼线

用咖啡色的眼线把上下眼尾做连接。

我的小叮咛：因为彩色眼线会让人觉得较艳丽，可用咖啡色增加柔美感。

Step 13

眉色刷淡

先用亚麻色的眉粉修饰打底，再用染眉膏将颜色刷浅一点。

Step 14

唇部遮瑕

运用遮瑕膏在整个上唇与下唇边缘轻拍遮瑕，均匀上下唇的色差，再涂上唇膏。

Step 15

加强保湿

远距离喷上冰镇化妆水，达到保湿定妆效果。这款化妆水冰镇效果强，一定要远距离喷才不会让肌肤受伤。

Point 1

Point 2

我的小叮咛：妆前妆后都可以这样用。
Point 1 喷在化妆棉上。先将冰镇化妆水喷在化妆棉上，让化妆棉充分湿润。
Point 2 敷于两颊。将化妆棉对折（避免冻伤肌肤），直接敷于两颊、下巴等易出油部位，尤其妆不服帖的人建议妆前用，效果更好。

B-4 毛孔粗大
——绝对平滑毛孔隐形术

缺点1： 皮肤老化所形成的毛孔，都是因为基础保养没做好！

我的处方笺：
1 加强皮肤保湿度，基础保养一定要做好。
2 毛孔粗大的人，底妆就要尽量薄透、自然。

缺点3： 眉毛太圆、太短，五官好像都挤在一起了！

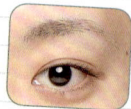

我的处方笺：
1 利用修眉将眉毛与眼睛之间的距离拉远一点。
2 画眉毛时将眉毛微微向后拉长，脸形看起来就会更像瓜子脸。

缺点2： 眼睛很大，但是两边双眼皮却不对称！

我的处方笺：
用胶带固定出两边对称的双眼皮。

姓名：胡紫嘉
年龄：25岁
职业：学生

before

缺点4： 小嘴巴反而让下巴看起来变宽！

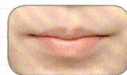

我的处方笺：
1 利用唇妆放大双唇。
2 使用接近唇色的粉嫩色唇膏。

紫嘉说："老师要我多多加强基础保养，我绝对不会忘记！做完后毛孔就像隐形了一样，五官也变得更立体了！"

Step by Step

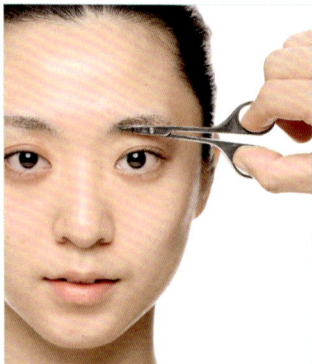

Step 1

修剪眉毛

将原先浓密的眉毛修短，以调整眉毛与眼睛之间的距离。

我的小叮咛：毛孔粗大的人，可以放一小瓶化妆水在冰箱里，当你感觉疲劳或者体温比较高时，做局部毛孔的冷却湿敷，不过这仅是降低表面温度造成的收缩效果，想要真正有效紧实毛孔，还是要长时间使用毛孔紧实精华才能发挥作用！

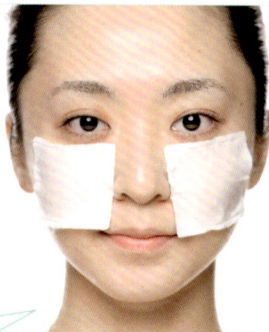

Step 2

湿敷收缩毛孔

在上妆前以化妆水蘸湿化妆棉，贴在毛孔粗大的位置约3分钟，这样就能降低皮肤温度，产生暂时收缩的效果。

Step 3

涂抹隔离霜

用手掌将隔离霜搓开来，像上保养品一样由下往上拉提，均匀涂抹在脸上，拍打到完全吸收再继续下一个步骤。

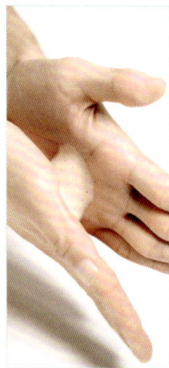

Step 4

毛孔修饰

毛孔粗大状况严重的人一定要注意修饰这个步骤，顺着毛孔的方向由上往下、由内而外呈现微笑的弧度，轻轻涂抹上去。

我的小叮咛：使用不透明的修饰毛孔产品由下往上推，容易推得太厚形成白芝麻现象，所以由上往下涂抹是最简单的方法。毛孔修饰后请注意两件事！
1.请搭配有遮瑕力的底妆才能达到毛孔遮瑕的作用。
2.一定要做好深层卸妆，把毛孔脏污彻底卸干净，避免粉刺、痘痘。

Step 5

饰底乳
调整泛红现象

选择绿色饰底乳少量上在局部肌肤泛红部位，再以手指轻拍。

Point！ 修饰毛孔后续所有动作一定要用轻拍的方式，否则会扫掉之前修饰毛孔的效果。

Step 6

改善眼周暗沉现象

黑眼圈明显或眼周暗沉的人，可以先以美白笔做修饰，同时也具有淡斑的美白效果。

Step 7

轻透粉底

选择遮瑕力好的液状底妆，从脸中间向外拍打，呈现微笑状，脸颊两侧及额头薄薄推开即可。

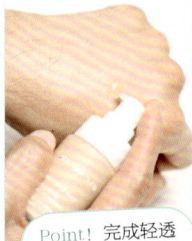

Point！ 完成轻透妆容，全脸使用的粉底量这样就足够了。

Kevin 老师来解救！
"粗大毛孔变身平滑肌" 改造步骤全记录！

Step 8
局部遮瑕
斑点明显的人可以使用膏状遮瑕产品做局部遮瑕。老化型毛孔不要用太干的遮瑕膏，湿润又具有遮瑕力的才不会造成肌肤的负担。

Step 9
油性肌定妆方式
油性肌可以利用蜜粉刷直接将粉饼刷在脸上，这样可以避免粉体结块不均，另一种则是先在脸部刷上薄薄一层的蜜粉，接着再按压粉饼。

Step 10
咖啡色眼影打底
先以咖啡色膏状眼影做打底，产生自然的凹陷，也帮助后续的眼影更加显色。

Step 11
粉红色眼影
显色度极佳的粉红色眼影画在双眼皮褶内，范围不要太大。

Step 12
升级版隐藏眼线
"升级版隐藏眼线"让眼睛看起来更有神。办法是用极细眼线笔贴着睫毛根部描画。

Step 13
深色眼影在眼尾做出凹陷槽
以深咖啡色眼影加强眼尾部分，在眼尾画出一个倒钩，避免粉红色眼影造成眼睛的浮肿，就好像做出假眼凹一样。

Step 14
画上眉毛
画的时候只要将眉形画平圆且拉长，眉色变淡后，五官看起来就不会拥挤。

Step 15
刷上粉质腮红
以粉质腮红大面积刷在笑肌上，增加粉嫩的效果。

Step 16
珠光质地轻点笑肌顶点
轻点在笑肌顶点，笑起来时笑肌位置就会比较亮，还能同时修饰毛孔与松弛现象。

Step 17
与唇色相近的粉嫩唇膏
嘴唇小的人不要用太强烈的颜色，利用与唇色相近的粉嫩颜色往边缘多扩大一点。

61

颧骨高，脸颊瘦
——消除高颧骨棱角脸的彩妆魔法

缺点1：颧骨两侧宽！

我的处方笺：

1. 以"钻石形"打底法局部提亮肤色，再用"7字形"修容法，最后用腮红柔和脸部线条。
2. 利用眼影与眼线将眼形拉长，就能缩短两侧突出颧骨与眼睛间的距离，颧骨看起来就不会那么宽凸了。
3. 上眼妆时，也利用靠近脸部中央明亮，越往两侧越暗的原理来修饰脸形，创造立体轮廓。因此画眼影时，记得将眼头前半提亮、后半眼尾加深。

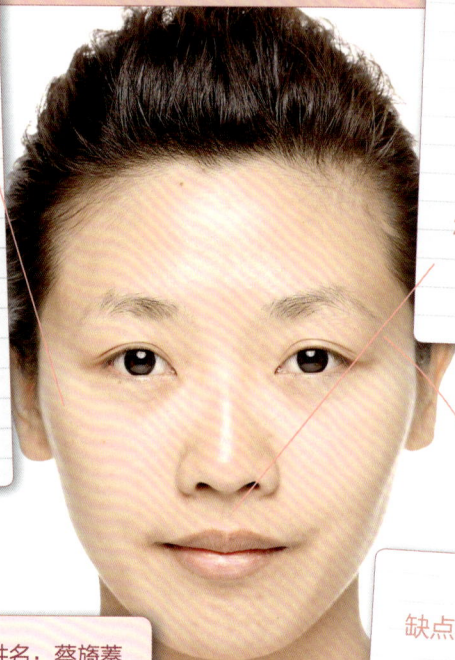

姓名：蔡旆蓁
年龄：23岁
职业：服务业

before

缺点2：鼻子到下巴的肤色暗沉！

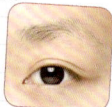

我的处方笺：

1. 防晒霜务必要确实涂擦均匀！经常在外面的人选择防晒系数30以上，如是在室内时间较多的人最少要系数20。
2. 补擦防晒霜的方法，用湿纸巾或是卸妆棉将妆推掉，再重新补擦防晒霜与上妆。

缺点3：眉头明显、眉尾不见、唇色深！

我的处方笺：

1. 将眉形拉长，眉尾画明显，不能太细，颜色要深。
2. 用遮瑕膏先修饰唇色再上唇膏。

绮蓁说：**"老师帮我把颧骨修饰得不那么突出，真是太厉害了！化完妆感觉变了一个人，尤其脸部线条变得柔和有女人味了！"**

finish

Step by Step

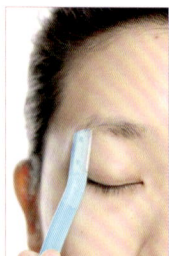

Step 1
修剪眉毛
先将松散的眉尾修整，眉毛越稀疏的人越要修剪出聚集性，才不会看起来杂乱。

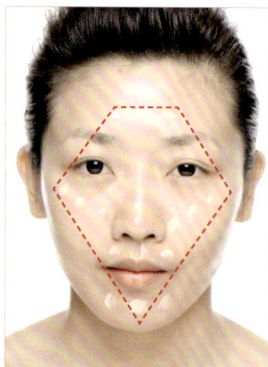

Step 2
隔离乳
直接利用两种颜色的润色隔离乳，以钻石形中央亮两侧暗，修饰肤色与脸形。

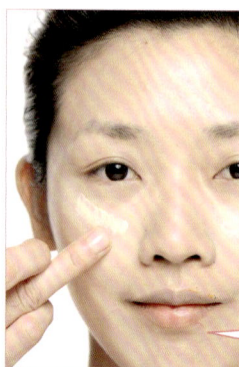

Step 3
米色提亮
利用米色的饰底乳提亮眼下的大三角，修饰往两侧突出的颧骨。

我的小叮咛：肌肤深的人用米色，肌肤白的人用象牙色。

Step 4
黑眼圈遮瑕
用遮瑕膏点在黑眼圈下方，用指腹轻拍均匀。

Step 5
膏状腮红
因为旖蓁的肤色较黑，我挑选橘色的膏状腮红，在颧骨的下方往上到眼下颧骨突出处画Nike钩钩，再用指腹推均匀。

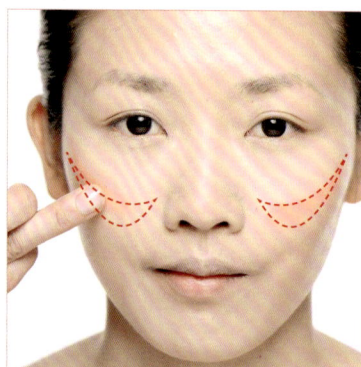

Step 6
眼头提亮
使用浅米色在眼头的前半眼窝处整个打亮。

Step 7
深色眼影
使用眼影盘上方的浅咖啡色打于后半部眼窝处。

Step 8
描绘咖啡色眼线
用最小支的眼影笔蘸取深咖啡色，沿着睫毛膏根部描绘粗粗的眼线。

Kevin 老师来解救！
"颧骨高的棱角脸"改造步骤全记录！

Step 9
下眼尾局部晕染
下眼影晕染眼尾三分之一，并将上下眼尾的三角区填满。

Step 10
眉尾加深
画眉毛时将眉尾的线条加深一点，让眉形有存在感，就能转移颧骨较高的视线焦点。

Step 11
下眼头提亮
最后利用浅色提亮下眼头。

Step 12
"7字形"修容
使用深咖啡色修容，从发际线下方开始，顺着颧骨斜往下刷。接着顺着耳朵到下巴刷过。最后沿着下巴刷过即完成"7字形"修容。

> 我的小叮咛：肤色深的人不要选用粉嫩的裸唇膏，看起来很突兀。

Step 13
颧骨弧度上刷腮红
选用珊瑚色的腮红，沿着颧骨弧度往斜上方轻刷上腮红。

Step 14
山根与下巴提亮
再使用浅色提亮山根与下巴，让脸形看起来更加立体。

Step 15
上唇膏
最后涂抹上棕色系的裸唇膏。

缺点1: 皮肤干、眼下细纹多，开始有斑点产生，肌肤也出现松弛感！

我的处方笺:

1 皮肤干的人一定要做好保湿工作，否则肌肤越干越容易有细纹产生。

2 因为皮肤比较敏感且容易泛红，摩擦容易有过敏现象产生，所以不适合用妆前按摩来做拉提，要运用具有拉提效果的粉底来做。

缺点3: 脸形长，睫毛短，让眼睛不明显，显得脸更大！

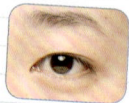

我的处方笺:

1 加强下眼影部分，让眼睛看起来明显变大，下半部比较长的脸形看起来比较短，整体有小脸效果。

2 利用假睫毛来放大眼睛。

缺点2: 拍照时肉脸特别明显！这是因为两颊脂肪开始有掉下来的趋势，从侧面看来脸比较平，不够立体。

我的处方笺:

1 因为两颊脂肪开始有下垂的感觉，针对颧骨下方的微笑线、眉缘以及眉头下方的鼻梁两侧来做修饰，加强立体轮廓修饰。

2 平时可以用掌心包覆双颊，以轻压的方式由下往上来做舒缓，就可以避免敏感、泛红现象。

姓名：陈怡秀
年龄：20岁
职业：学生

before

缺点4: 眉毛顺着眼形垂下去，跟松弛的两颊一样，导致脸形看起来更下垂！

我的处方笺:

调整眉形，让眉尾有上扬感，可以改善整张脸因下垂造成的没元气感觉。

怡秀说：**❝**整个改造与拍摄过程实在让我很紧张，从没尝试过的化妆方法改善了我的脸形，改造后连我自己都快认不出来我是谁了！原来我也可以很有魅力！**❞**

finish

Step by Step

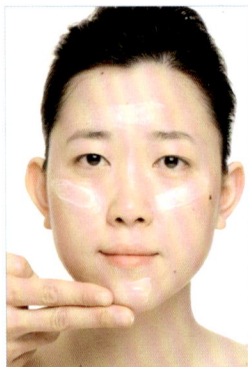

Step 1

妆前擦上润肤乳

这款润肤乳具有妆前保湿效果，可以让肌肤瞬间感觉好像睡饱了一样，尤其适合干性肌肤使用，除了扫除疲劳感，还有像刚敷过面膜的水亮感，调在粉底里可以增加粉底的透亮度。

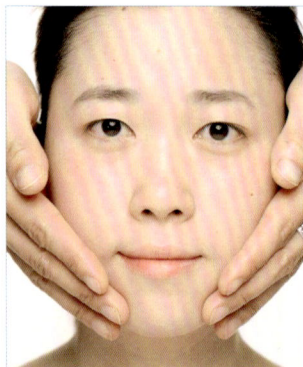

Point! 轻压按摩

皮肤敏感的人切记不要用按摩搓揉的方式对待你的脸，自己在做保养时手势务必要用轻压的方式，由下往上来完成。对于脸部有脂肪或是下垂困扰的人，这样做可以帮助脸部拉提。

Step 2

使用双色隔离霜

怡秀的肤色其实很漂亮，但为了增加她的立体度，使用不同的颜色来做隔离，紫色隔离霜使用在中央，之后再用肤色隔离霜均匀涂在其他部位。

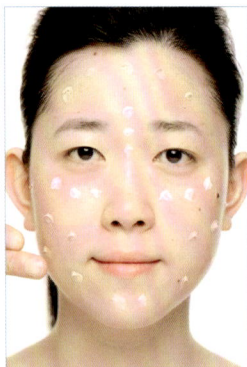

Step 3

刷上粉底

接着使用这一款可塑形拉提的粉底液，以粉底刷由下往上刷，让粉底均匀包覆脸部肌肤，就能达到拉提的效果。

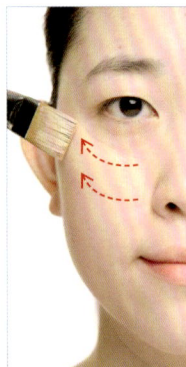

Step 4

深色粉底液修容

以深色粉底刷在颧骨下的微笑线以及脸缘，为了避免下垂感，刷子的动作一律都是由下往上。

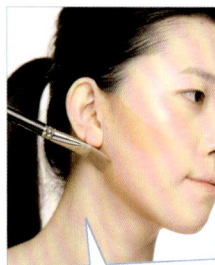

我的小叮咛：越干性越脆弱！皮肤干的人在刷粉底液时除了要由下往上刷之外，还须注意刷的力道不能太大，过度用力会产生拉扯，反而造成肌肤的负担。

Step 5

眼下细纹、斑点遮瑕

由于怡秀的黑眼圈并不明显，用明亮色调遮瑕膏来改善眼下细纹即可，此款遮瑕膏具有紧致塑形效果，斑点也能迅速隐形。

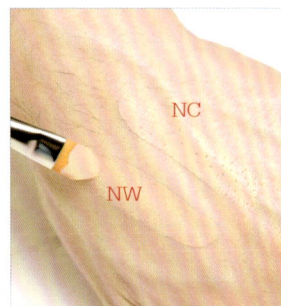

Point! 黑眼圈与肤色

遮盖黑眼圈通常会使用偏橘色的暖色调（NW）与偏米色的明亮色调（NC）两种颜色，黑眼圈很严重的女生可先用偏暖色调的橘色来调和黑眼圈与肤色间的色差之后，再用明亮色来做遮瑕，这样就能够遮得很完美。

Kevin 老师来解救！

"肉肉脸变紧致小脸"改造步骤全记录！

Step 6
深浅蜜粉底
使用矿物蜜粉底，轻轻按压在斑点比较明显处，脸颊处则轻刷深一点的蜜粉底即可。由于皮肤干的人肤色容易看起来暗沉，透过粉底中的光体可以达到像刚敷完面膜的水度与亮光，所以皮肤干又敏感的人最适合这种矿物底妆。

Step 7
眼周、鼻梁打亮
在眼周轻点水亮的润肤乳，利用光折射让细纹隐形，用在鼻梁处则能打造出高耸的立体感。

Step 8
上眼皮晕染
以单一颜色眼影在上眼皮处做晕染，晕染范围在眼睛张开时看得到的范围即可。

Step 9
下眼影
上眼皮眼影完成晕染后，接着在下眼睑画上明显的眼影宽度，张开眼睛时会感觉下眼睑的眼影比上面更明显。

Step 10
加强下眼线
在下眼影位置上勾勒出下眼线，强调眼睛的深邃感。

Step 11
粘上假睫毛
粘上M.A.C#36的假睫毛后，再在眼尾多加半副#34假睫毛，创造深邃眼形。

Step 12
画上扬眉毛
将眉形画得稍微上扬，可修饰脸形，让神情更有元气。

Step 13
刷上腮红
在笑肌上刷上腮红，让脸部轮廓更加鲜明。

Step 14
唇蜜
涂上带有透明感的唇蜜，双唇看起来更性感。

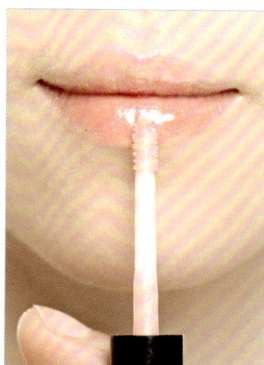

缺点1： 肌肤出油，导致毛孔明显，而且容易脱妆！

我的处方笺：

1 千万不要用过干的毛孔遮瑕品。

2 易脱妆的人，打底时请遵守以下原则：先擦防晒或隔离乳→等待五分钟→用面纸按压→选清爽的粉底→等待三分钟→再次按压面纸。

3 正确的补妆步骤：先用干净的粉扑，将脸上残留的粉底按压掉，再根据需求选择蜜粉或粉饼补妆。

4 如果需要补妆的话，蜜粉饼最好，具有吸附油脂的效果，又有遮瑕力。蜜粉虽然较薄但是清爽，不会因脸上的油脂造成结块。若习惯用粉饼的人，建议肌肤状况要好，且改用刷子以画圈圈的方式来补妆，遮瑕力好又不会厚重。

缺点2： 眼睛圆，额头高，睫毛较塌，眉毛位置也较低！

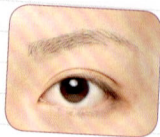

我的处方笺：

1 挑选柔和的眼影色，避免使用深色或黑色。

2 在眼尾加强晕染，可以让眼形变长。

3 睫毛容易塌的人，可用烫睫毛器加强睫毛的卷翘度。

4 因为额头高，画眉毛时将眉峰往上多画一点，改善脸部的比例。

缺点3： 黑眼珠较小，看起来凶，有距离感！

我的处方笺：

1 不能画白色的内眼线。

2 戴上美瞳立刻解决！

缺点4： 嘴角往下垂，唇峰较尖！

我的处方笺：

1 涂抹唇膏时，将两边的上唇加宽，往上发展。

2 利用唇线笔可小范围修饰的特性，将唇峰画圆。

3 利用有晶钻或珠光的透明色眼影粉，可打亮唇峰，修饰较尖的唇峰。

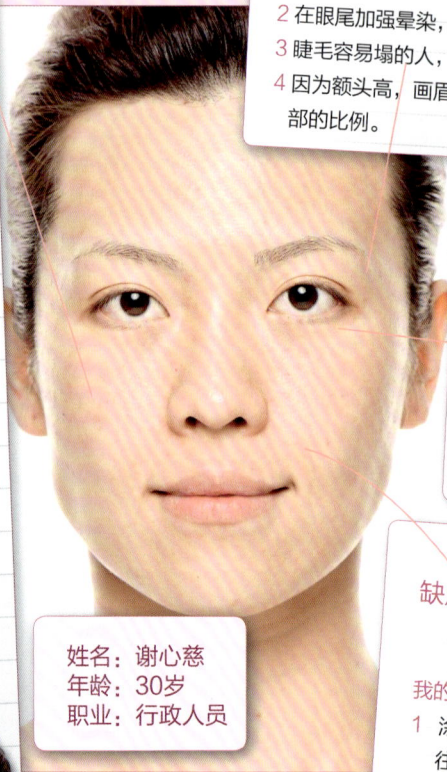

姓名：谢心慈
年龄：30岁
职业：行政人员

before

心慈说："老师真的很贴心，化妆的同时会告诉我需要注意的地方，看到照片中的自己几乎毫无瑕疵，谢谢老师的神奇之手！"

finish

Step by Step

Step 1

隔离乳
压一次量的隔离乳，差不多刚好适合全脸。

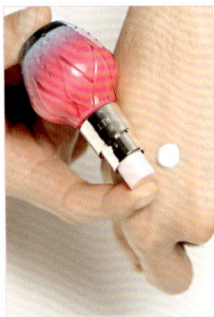

Step 2

均匀涂抹
将隔离乳均匀涂抹在全脸上，达到修饰毛孔、细纹，明亮肤色的效果。

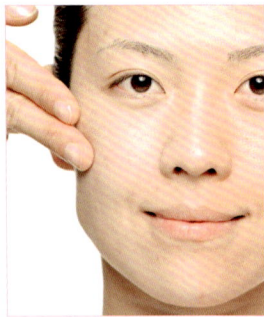

Step 3

面纸轻压
用面纸轻压掉脸上多余的隔离霜，保持肌肤的干爽度。

Step 4

填补毛孔
使用毛孔修饰饼，粉扑由下往上轻拍，填补老化型毛孔。

Step 5

倒出粉底液
将粉底液直接倒在手背上。

Step 6

均匀推开
先在手背上画圈推开，因是持久防水性粉底，油脂几乎感觉不到，可用指腹蘸取上底妆。

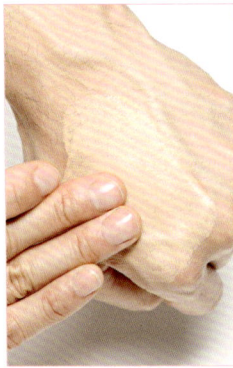

Step 7

拍打粉底
用轻拍的方式，少量多次打上粉底液，这样的底妆会更均匀服帖且避免破坏刚才的毛孔遮瑕。

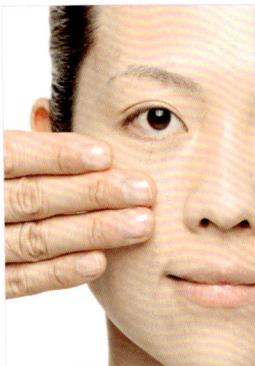

Step 8

眼下打亮
眼下用浅色蜜粉提亮。

Step 9

眼皮打亮
用最浅色眼影打亮眼皮。

72

Kevin 老师来解救！
"无懈可击、绝不浮粉的脸蛋"改造步骤全记录！

Step 10
描绘淡紫色
在睫毛根部细细描绘出淡紫色，并将眼尾三角区填满。

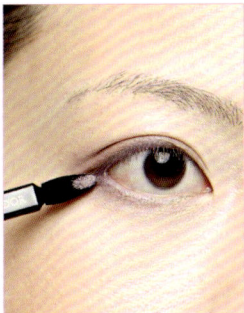

Step 11
紫色眼线
蘸取深紫色眼影，沿着睫毛的根部描绘，代替黑色眼线，看起来就不会有距离感。

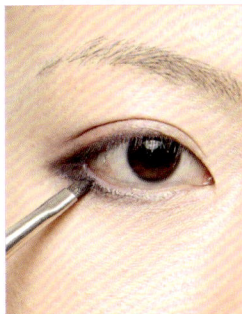

Step 12
烫睫毛
因为睫毛较塌，夹完睫毛后再用烫睫毛器加强睫毛的卷翘度与持久度。

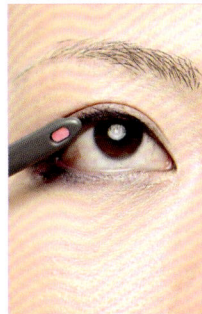

Step 13
刷睫毛膏
先直拿睫毛膏顶睫毛根部加强深邃感，再平拿重复刷拭睫毛，就算不画黑色眼线，也很有神。

Step 14
画眉毛
因为额头较高，可将眉毛的弧度往上画高一点，但不要过细。

Step 15
涂抹唇膏
直接涂抹唇膏，因心慈的嘴角下垂，可将上唇两边画宽一些。

Step 16
唇刷推开
再改用唇刷将两边画宽的唇推均匀，并将唇峰画圆增添甜美感。

Step 17
打亮唇峰
最后用眼影盘的晶钻粉末，轻扫在唇峰上方，唇形自然变得圆润性感。

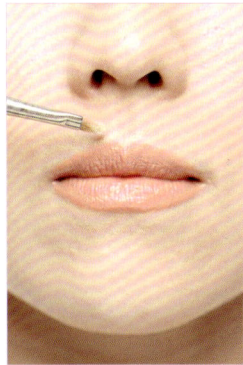

压力大，痘痘多
——用底妆拯救菜菜脸吧

缺点1： 有压力造成的痘痘与局部暗沉。

我的处方笺：

1 当遇到压力时，肌肤也随之干燥暗沉，这时用按摩霜补充滋润度，同时舒缓压力。建议选择含有草本成分的保养品，提升肌肤防御力。

2 粉饼用刷子刷上，可以减少粉感，避免暗沉，呈现肌肤的透亮感。

3 清新的气质要保留，千万不要过度浓妆。

缺点3： 眼睛较长、眼头往下折为内双、黑眼珠窄。

我的处方笺：

1 眼妆用清爽的淡色系，让眼睛张开来时有光泽感。

2 内双的睫毛通常较塌，刷睫毛时先用顶的方式支撑，再将睫毛刷长刷浓，就有戴假睫毛的效果。

3 戴美瞳，让眼眸看起来更深邃有神。

缺点2： 肌肤较薄，有隐藏式黑眼圈。

我的处方笺：

1 利用妆前乳修饰眼周，不要用饰底乳，因为会导致眼周有一块白色，很不自然。

2 因黑眼圈不明显，选择提亮眼周的产品提亮，遮瑕则越薄越好，甚至可以不用。

姓名：黄心宜
年龄：27岁
职业：服务业

before

缺点4： 脸蛋柔和但是眉形却有英气。

我的处方笺：

将眉毛的弧度画圆，并将眉峰往上画。

心宜说："老师帮我上妆的时候动作都好轻柔，好舒服，感觉上妆变成了一种享受。以前自己上底妆从来没有这么透亮过，现在开始我一定会照着老师说的做！"

finish

Step by Step

Step 1

按摩霜
每次取约樱桃般大小的量于手掌，两手贴合搓揉，提高掌心温度后再按摩效果较好。

Step 2

全脸按摩
由下往上画圈，会感觉到微微的温热感，并伴随着香氛做深呼吸。

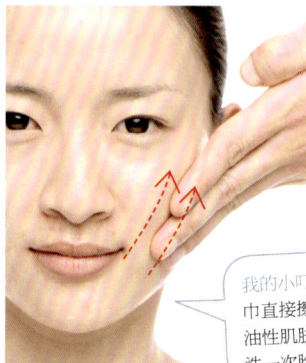

Step 3

拉提肌肤
由下往上利用掌心拉提，避免因压力而下垂。

我的小叮咛：可以用纸巾直接擦掉，但如果是油性肌肤，建议还是再洗一次脸。

Step 4

擦化妆水
将化妆水充分蘸湿化妆棉，油性或混合性肌肤擦拭全脸，干性肌肤则轻轻拍打。

Step 5

加入乳液
不要将化妆棉丢掉，将乳液直接按压在化妆棉上。

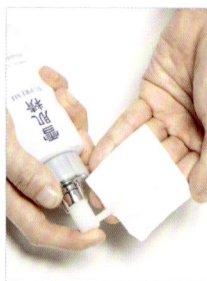

Step 6

局部敷面
贴在容易干燥的两颊当作面膜，达到深层保湿，让肌肤恢复透亮感。

Step 7

按压在手上
选择具有润色隔离效果的妆前乳，先按压一次的量在手上。

Step 8

涂上妆前乳
全脸均匀涂抹，注意鼻翼、眼周与唇周轻柔地推开即可。

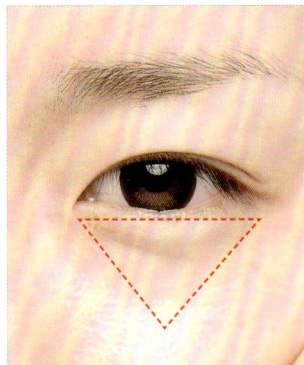

Step 9

提亮眼下
因为心宜肌肤薄,工作忙,即将产生泪沟,要特别将眼下三角区提亮。

Step 10

刷上粉饼
利用大刷子上粉饼的粉末可以控制在最少,并为肌肤隔绝因妆前乳引起的多余油脂。

Step 11

晕染浅色眼影
利用有光泽感的浅蓝色,从睫毛根部最深色慢慢往上晕染到眼窝,让眼眸散发清爽的光泽感。

Step 12

眼下浅色
下眼影打亮,同样用浅色沿着睫毛根部晕染,让眼睛在眨眼时有光辉闪烁感。

Step 13

柔软眉峰
将眉峰往上画高一点,并描绘圆一点的弧度,增加女生的柔美感。

Step 14

刷上腮红
最后叠上两色腮红,先用橘色画大Nike,再用粉色轻点笑肌顶点,妆点出好气色。

肤色不匀，脸形过方
——简单拥有奶油泡芙肌

缺点1：肤色严重不均！

我的处方笺：

1 压力会影响内分泌，导致肌肤状况不佳，首先要检查自己的生活作息、饮食、情绪。

2 多喝水肌肤代谢性会变好，而睡眠是对肌肤最好的消炎药。

3 化妆水先用擦拭的，再用拍打的，更适合雅琪。

4 底妆上务必遵守"提亮，并非变白"的观念！

缺点3：咀嚼肌明显，所以脸看起来有棱角！

我的处方笺：

1 咀嚼肌与下巴边缘处修容创造V形脸。

2 腮红不能太低，以斜椭圆形画法刷上腮红，让苹果肌突出。

缺点2：脸形较方正，眉毛又太短，轮廓看起来更刚硬！

我的处方笺：

1 眉形加长，眉色画淡，作出女性化的圆形弧度。

2 将眼睛画成圆形，并用浅色系眼影，让眉眼看起来柔和。

姓名：潘雅琪
年龄：26岁
职业：秘书

缺点4：脸上有很多小粉刺！

我的处方笺：

1 我很推荐"毛巾洗脸法"去角质。洗脸时，在脸上有泡沫的状态下，以毛巾画圈圈，温和代谢每天的老废角质，长期下来肌肤角质会比较健康。

2 油性肌肤再搭配去角质产品定期使用。

before

崔琪说："暗沉不均的肌肤困扰了我很久，老师仔细地帮我层层打底，还告诉我很多改善暗沉的保养技巧，在老师的巧手下，我也能拥有白皙肌肤，真是感动！"

finish

Step by Step

Step 1
擦拭化妆水
将化妆棉蘸取化妆水由下往上沿着微笑线擦拭，可轻微去除脸上角质，并加强肌肤保水度。

Step 2
局部隔离霜
先利用透明的隔离霜，从中央往外画圈，填补毛孔，平滑肌肤。

Step 3
全脸隔离霜
再利用肤色的隔离霜全脸均匀涂抹，柔焦感能瞬间提亮肤色。

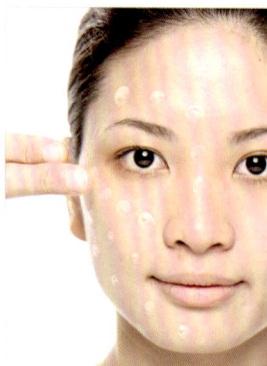

Step 4
涂抹粉饼
由内往外沿微笑线的方向，薄薄地打上一层粉饼，达到调整肤色不均的问题。

Step 5
眼下拍打
眼下或其他有小细纹处，以轻拍的方式上粉，就能避免卡粉，也让粉更服帖。

> 我的小叮咛：如果毛孔粗大，则用手指蘸取粉饼后轻拍。

> 我的小叮咛：咀嚼肌太过明显的人，浅色眼妆可让视觉往上移，达到小脸效果。

Step 6
晕染浅色眼影
用浅色眼影晕染整个眼窝，清爽的眼影色能塑造眼睛的宽阔度。

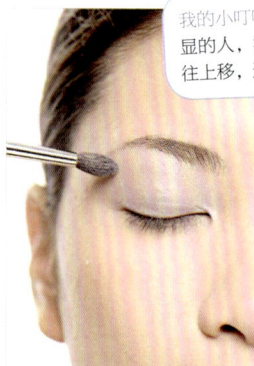

Step 7
紫色眼线
沿着睫毛根部描绘紫色眼线，创造眼妆的层次感。

Step 8
加强中间眼线
接着再用黑色眼线液叠上，并在眼睛中央加宽眼线，可让眼睛变圆。

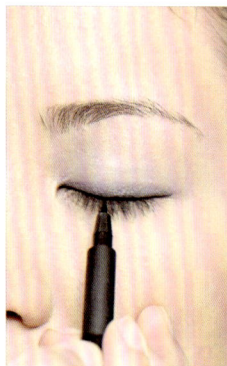

Step 9
画眉毛
将眉尾拉长，并顺着眉峰画出自然的弧度。

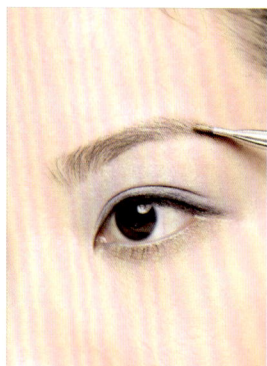

Kevin 老师来解救！

"肤色不均" 改造步骤全记录！

Step 10
白色下眼线
为中和脸上线条的刚硬感，画上白色下眼线，立即增添女性柔美韵味。

Step 11
刷上腮红
蘸取腮红盘中间色，从笑肌顶点上方开始刷出斜椭圆形状腮红。

Step 12
眼下三角区提亮
从黑眼珠下方到鼻翼的小三角区刷上浅色提亮。

Step 13
先刷浓密型
先用浓密型睫毛膏重复刷两到三次，刷出睫毛的密度。

Step 14
再刷纤长型
再用纤长型睫毛膏，以竖刷拉长睫毛。

Step 15
再刷浓密型
最后再用浓密型刷一次，就能创造大眼效果。

Step 16
脸缘修容
用腮红盘的最深色，从下巴到发际的脸缘轻刷出V形小脸。

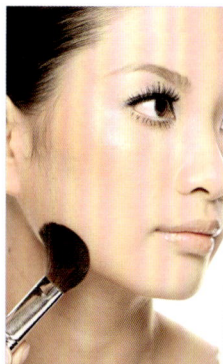

Step 17
涂抹唇膏
直接涂抹唇膏，并加强唇中，达到透亮水润感。

Finish

缺点1： 肌肤敏感，有泛红的现象！

我的处方笺：

1 妆前保养的程序越简单越好，也不要使用任何有活氧效果的保养品，选择高保湿、凝胶状的产品最佳。

2 敏感肌不能做按摩也不可以去角质，不要用卸妆油，最好改用卸妆霜。

3 敏感肌建议以"局部纱布毛巾洗脸法"去角质，用药妆店都有在卖的baby用纱布毛巾，洗脸时蘸湿洗面奶，先在T字区画圈去角质，再全脸清洁一次即可。

4 防晒一定要记得做，并选择物理性防晒！

缺点3： 左眼内双、右眼双眼皮。

我的处方笺：

1 使用双眼皮胶来调整两边眼睛的大小。

2 杏眼的眼妆不能太浓，以清爽的颜色，加上简单的线条感，就能表现出女生的柔美感。

缺点2： 脸际线的轮廓不明显，下巴直接连着脖子！

我的处方笺：

1 利用深咖啡色的修容膏在脸际线处涂抹，让脸缘的轮廓线出现。

2 选择有光泽的隔离乳，加强脸部中央的明亮度，让立体感更明显。

姓名：黄恬恬
年龄：26岁
职业：秘书

before

缺点4： 两边眉毛高度不一，两边脸形看起来也不一样！

我的处方笺：

修剪眉毛的高低与长度，两边眉形调整正确后，脸形看起来就会均匀许多。

恬恬说："我脸上的痘痘很多，也很容易过敏，老师告诉我该如何选择适合自己的产品，也让我了解到敏感肌肤只要选对产品，小心上妆，也能把自己变得很漂亮呢！"

finish

Step by Step

Step 1

修右眉

因为恬恬两边眉毛高低不同，影响脸形，先从右边眉毛修起，长度不动，从下方微修。

Step 2

修左眉

左边眉毛从上方微修，让两边眉峰一样高，并修剪眉头的长度。

我的小叮咛：如果眉毛本身就很稀疏的人，先将眉形画出来，再把多余的杂毛修掉。

我的小叮咛：因为两边的脸形不同，左边看起来较扁（右脸窄长），所以修剪眉头长度，脸形看起来会比较立体一致。

Step 3

左眼双眼皮胶

因左眼内双，取一小截的3M双眼皮胶带贴在眼头，调整两边的双眼皮大小。

Step 4

擦保湿凝胶

上妆前选用凝胶类产品为肌肤补水。记得，敏感肌千万不要用力按摩或拍打，否则会再度刺激肌肤，只要以指腹轻轻滑动，保湿凝胶就会立即吸收。

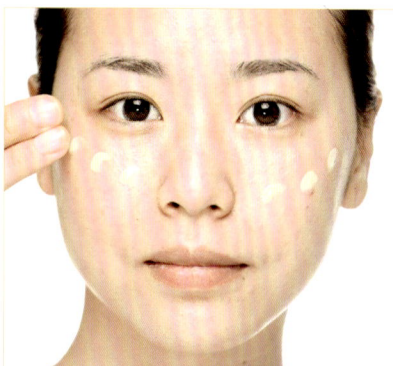

Step 5

绿色饰底乳

在泛红的两颊使用绿色的饰底乳，先调整肤色。

按压一次的量就好！

Step 6

修色隔离霜

担心绿色饰底乳不够自然的人，可再选用有光感的隔离乳，局部轻拍在脸中央，以光线折射原理让肤质看起来透亮。

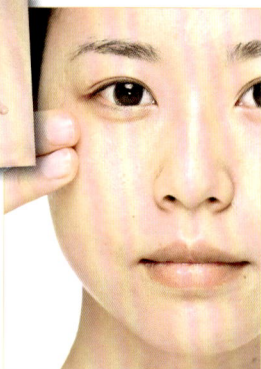

两边脸有不同的光泽度！

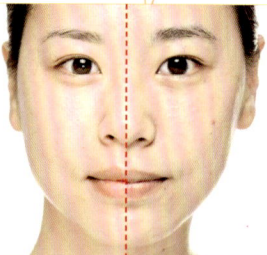

Step 7

修饰脸际线

沿着脸际线下方与发际线的下方，涂深咖啡色修容膏，用手指腹轻推均匀。

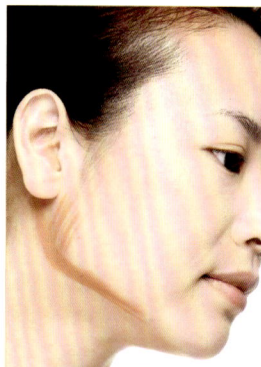

Kevin 老师来解救！
"敏感肌也能轻松上妆" 改造步骤全记录！

Step 8
内眼线与拉长眼线
画内眼线，加深眼睛的轮廓，并用眼线胶将内眼线往后平拉长。

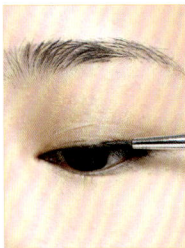

Step 9
晕染深色眼线
使用最小支的笔刷蘸取咖啡色眼影，沿着眼线描绘出如隐形般的线条。

Step 10
下眼影
同样用深咖啡色晕染下眼影，并将眼尾的三角区连接起来。

Step 11
刷睫毛膏
杏眼的人在刷睫毛膏时，可以特别加强眼尾的浓密度，将眼形拉长。

Step 12
修饰唇色
把遮瑕膏涂抹在唇缘边，以指腹轻拍双唇，盖掉原本的唇色。

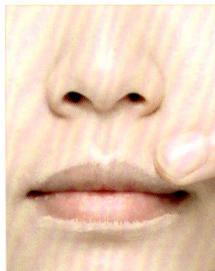

Step 13
涂抹唇膏
选用水蜜桃色的水润型唇膏直接涂抹于双唇。

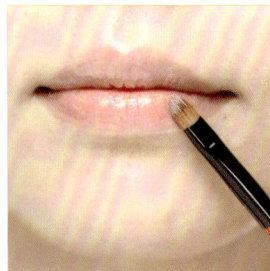

Step 14
画右脸腮红
因右脸比较窄长，从笑肌顶点下方开始大面积刷出开口笑形状腮红。

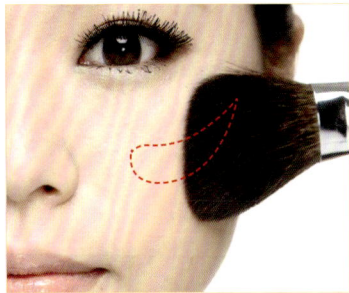

Step 15
画左脸腮红
左脸比较扁，小面积地刷上Nike形状腮红，加强立体度。

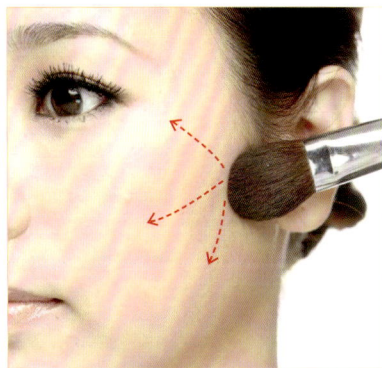

Step 16
海鸥形修容
最后再利用深色粉底刷上海鸥形修容，让脸际线更明显。

巧妙地隐藏你的豆花脸 & 大小眼

缺点1：左眼内双，右眼双眼皮，看起来就会大小眼！

我的处方笺：

1 利用双眼皮贴来调整眼睛的大小。
2 内双的左眼较小，画深色眼影或眼线时可加强黑眼珠上方的晕染。
3 外双的右眼较大，拉长眼尾的眼影晕染或是拉长黑色眼线。
4 一定要刷上浓密的睫毛膏，或是使用浓密型的假睫毛。

缺点2：肤质好，但雀斑很明显。

我的处方笺：

1 不要一味地想将雀斑遮住，有亮度的修饰绝对比雾面的遮瑕看起来更自然。
2 以中和肤色与斑点的色差为目标，用珠光饰底乳与大量的膏状腮红打底，最后再拍上粉底液，就能中和色差，仿佛将雀斑隐藏起来了一样！
3 利用珠光饰底乳加粉底加膏状粉底，当作遮瑕膏使用。

姓名：李咨英
年龄：25岁
职业：学生

before

缺点3：两颊泛红，肌肤看起来干燥没有水感。

我的处方笺：

1 利用绿色的饰底乳局部使用在两颊，修正肤色。
2 妆前保湿一定要做，皮肤才不会干燥让底妆龟裂；上妆时可选用珠光的饰底乳，镜面效果会让肤质看起来具有水感。

finish

咨英说："第一次有人说喜欢我的雀斑，就是老师！真的很开心～老师告诉我不要猛遮瑕，自然的妆感也能让雀斑不明显，而且双眼皮贴真的好神奇，眼神马上超深邃！"

Step by Step

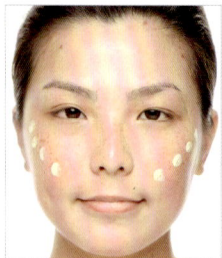

Step 1

饰底乳
使用饰底乳先修饰两颊的泛红现象。

Step 2

局部珠光饰底乳
雀斑明显的两颊用珠光饰底乳修饰，因为珠光有镜面效果，经由光线反射后瑕疵会看不清楚，也就能减少遮瑕膏的使用量。

Step 3

先上膏状腮红
上粉底之前先刷上膏状腮红，让肌肤从内到外透出红润感，也能使后续的粉状腮红更显色。

Step 4

拍打粉底
用大块的海绵，以轻拍的方式打上粉底液。

Step 5

再加膏状粉底
接着再用留有余粉的海绵，加一点珠光饰底乳后，轻拍膏状粉底，当作遮瑕膏使用。

我的小叮咛：没有膏状粉底可用粉条或是遮瑕膏代替。

Step 6

轻拍雀斑处
直接在雀斑处轻拍达到遮瑕效果，就不会觉得底妆很厚重。

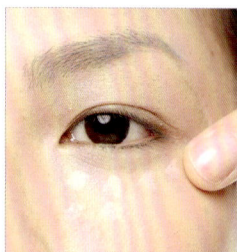

Step 7

眼下提亮
有雀斑的肌肤一定要做眼下的提亮，会让脸蛋看起来不会脏脏的。

Step 8

粉状腮红
最后直接用浅桃色粉状腮红定妆，因为遮瑕打得很薄，两颊可加重一点呈现好气色。

Step 9

贴双眼皮贴
咨英的左眼是内双，只要在左边贴上双眼皮贴，就能平衡两眼大小。

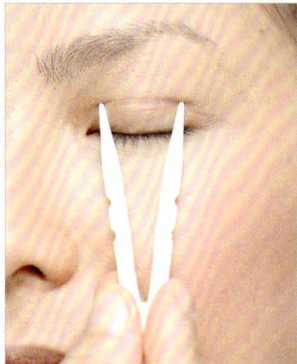

Step 10

浅紫色眼影晕染
使用浅紫色眼影从睫毛根部往上晕染整个眼褶，白色眼影打在眼凹到眉骨，拉大眉毛与眼睛的距离。

Step 11

深紫色眼影描绘
再用深紫色眼影沿着睫毛根部描绘出上下眼线，连接上下眼线，加重眼尾三角区的颜色。

我的小叮咛：因为左眼是内双看起来比较小，画眼线时可以在黑眼珠上方往上多画一点点，右眼大则可以将眼尾往外多拉出一点点。

我的小叮咛：可以画上眼线，但不要画太粗，否则线条的力道控制不好，大小眼又会再度出现。

Step 12

刷睫毛膏
重复刷上两到三次睫毛膏，让眼神变得更加深邃。

Step 13

画眉毛
顺着眉形描绘，并加强眉头让眉形看起来更立体。

Step 14

修容
从发际到颧骨下方，轻刷变形虫形状修容，加强脸形的立体度。

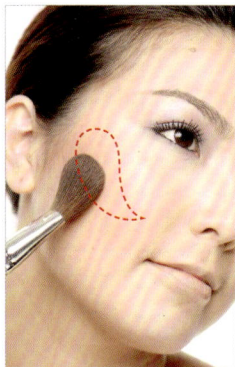

Step 15

涂上唇蜜
最后涂上有光泽感的唇蜜，增添时尚可爱感。

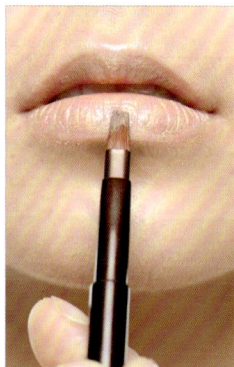

缺点1：眼睛泡、内双、有黑眼圈，看起来像金鱼眼没精神!

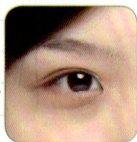

我的处方笺：

1. 先用双眼皮胶带创造出眼睛的基础深邃感。
2. 利用渐层深色眼影来解决泡泡眼，且所有的动作都要从睫毛根部开始，千万不要从眼窝开始，渐层感出不来！
3. 除了贴上假睫毛，也可以试着贴下睫毛！

姓名：陈育琳
年龄：24岁
职业：企划

before

缺点2：脸形下面宽、额头与下巴短、太阳穴处较窄。

我的处方笺：

1. 利用深色的修容膏来修容，记住含有珠光的修容较自然，无珠光的效果较强。
2. 因为太阳穴较窄，从这里开始做修容会很假，但只修边边又会有色差，选择从耳下开始就不会觉得突兀，并往上往下多做几道修容再晕开，避免色差。
3. 最后在颧骨的斜上方画腮红加强脸的立体度。

缺点3：眉形与脸形不搭配。

我的处方笺：

1. 眉毛要有弧度，不能太细，把眉毛弧度修明显，将脸形拉长。
2. 眉头较窄，一定要画眉头，且将眉尾变细长，才能让脸形呈现自然的比例。
3. 利用棕色的眉笔加强眉毛的存在感，利用眉形来转移脸形的缺点。

finish

育琳说："脸形是困扰我已久的问题，结果
老师三两下就解决了，平常我也会化妆，但
是眼睛这么大又深邃还是第一次，我一定会
好好修正我化妆的错误！"

Step by Step

Step 1
贴双眼皮胶带
贴双眼皮胶带，让眼睛先达到基本的深邃度。

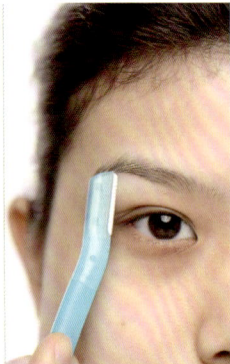

Step 2
修眉形
将眉毛弧度往后修高，并将眉尾修细，长而窄又有弧度的眉毛，是额头下巴比例短的人最理想的眉形。

Step 3
画棕色眉尾
眉峰到眉尾利用棕色的眉笔，画出细长且颜色较为明显的眉毛。

Step 4
画眉头
眉毛中间到眉头则用浅色的眉粉描绘。

Step 5
染眉膏
最后利用染眉膏或是透明眉胶（假睫毛胶也可），以45度角往眉峰方向轻刷固定眉形。

使用两种BB霜

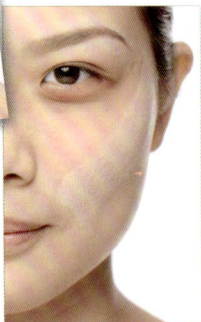

Step 6
无珠光BB霜
无珠光的BB霜均匀打在全脸，让暗沉的肤色明亮，同时为肌肤补充保湿度。

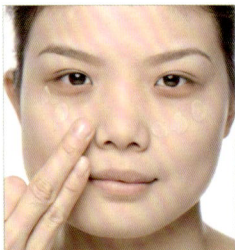

Step 7
有珠光BB霜
有珠光的BB霜则在脸部中央局部提亮就好。

Step 8
黑眼圈遮瑕
利用遮瑕笔在黑眼圈的下缘涂抹，再用指腹轻拍均匀。

Kevin 老师来解救！
"泡泡眼变洋娃娃大眼"改造步骤全记录！

Step 9
深色修容
因为育琳的太阳穴是窄的，所以从耳下开始将深色修容膏沿着双颊画，但为了避免色差，往上往下多涂抹两道后再轻推均匀。

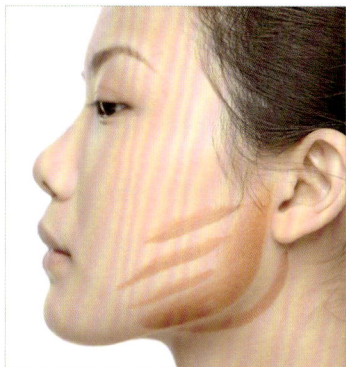

Step 10
深色眼影
选用笔状深咖啡色眼影，从睫毛根部开始涂抹颜色，但不要超过眉骨。

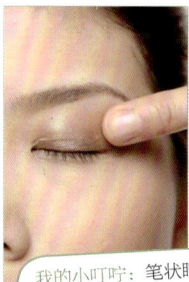

Step 11
指腹推开
用指腹轻拍推开，约叠擦两到三次，加强眼睛的深邃度。

我的小叮咛：笔状眼影的优点：1.重叠越多次层次感会越明显。2.淡妆的人将颜色画在双眼皮褶里面就很漂亮有层次。3.如果是膏状的眼影，对双眼皮贴的遮盖力更好！

Step 12
再用粉状眼影
最后可利用粉状眼影再叠一层达到定状的效果，使用粉状眼影时，建议先在手上画一圈避免粉末过多。

Step 13
叠在眼中央
最后再重叠薄薄一层粉状眼影，叠在眼球中央突出的位置就好，创造出光影的层次。

Step 14
粘贴假睫毛
选用根部比较浓密的交叉型睫毛，加强眼尾的长度，将眼形拉长。

Step 15
粘贴下睫毛
粘贴下假睫毛，我选择宏宾的#918，戴起来效果跟洋娃娃一样。

Step 16
眼线补满
最后利用眼线液，将睫毛间的空隙补齐。

缺点1：眼周出油导致眼妆容易晕染、脱妆！

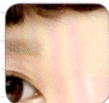

我的处方笺：

1 选择不含油脂的粉底、慕丝，或是能吸附油脂的轻薄型粉饼，千万不要用太厚的粉，否则会出现卡粉的褶痕。

2 先以少量清爽型的眼胶按摩眼周，除了能帮助眼妆服帖，也能舒缓浮肿的眼袋。

缺点3：眼大双眼皮深，但眼凹脂肪多，显得浮肿！

我的处方笺：

1 不要用浅色眼影打底，会产生镜面效果反而让眼睛更泡。

2 选择以咖啡色为基底加入冷、暖色调混合的眼影，能创造基本的明暗度。

3 画下眼影可以加强眼睛的深邃度，但不要用深色系，因为下巴不够明显，深色会缩短眼睛到下巴的距离。

缺点2：两边颧骨高度不一，两边脸形不一样！

我的处方笺：

颧骨左脸偏高且有角度，修容与腮红的位置两颊要有所不同。

姓名：林咨妤
年龄：26岁
职业：会计

before

谷好说："虽然我的眼睛大，但化完妆总觉得哪里不足，老师一下就看出来是因为眼皮出油造成的晕妆，经过老师的指导，我知道如何克服眼妆晕开的困扰了！"

finish

Step by Step

Step 1

按摩眼围
用冰毛巾湿敷后，蘸取清爽的眼胶或大量化妆水，顺着眼球上方的弧度由内往外轻推约3分钟，消除浮肿。

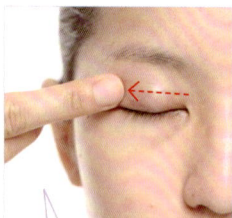

我的小叮咛：1.下眼袋浮肿的人，先以轻推再轻拍的方式消除眼袋。2.按摩完毕若有黏腻感，用化妆棉蘸取化妆水擦拭即可。

Step 2

局部控油
先选用控油妆前乳，在容易出油的部位局部使用。

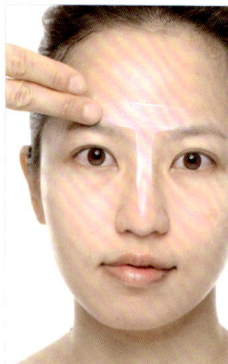

Step 3

右脸粉底修容
因右脸颧骨高、脸缘有角度，上粉底之前用深色粉底或修容膏，分别在颧骨上方、微笑线下方与脸缘三处修容。

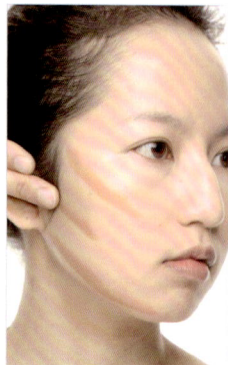

Step 4

左脸粉底修容
左脸较为标准，只做微笑线下方的轮廓线修容即可。

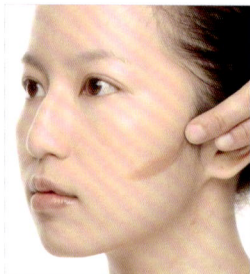

Step 5

上粉饼
选长效持久粉饼，以微笑线方式全脸均匀打上粉底。

Step 6

提亮眼下
因颧骨突出，蘸取打亮色提亮眼下，让脸形轮廓线看起来更圆滑。

Step 7

眼皮打底
挑选深一号的水凝粉饼涂抹于眼皮，用粉扑推匀达到控油、收缩泡泡眼、加强后续眼影显色的效果。

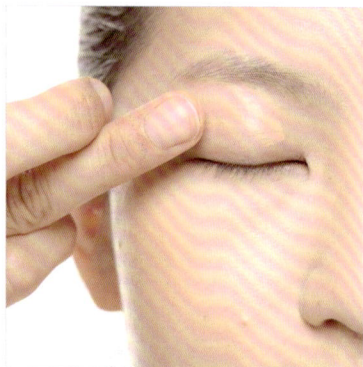

Step 8

眼影打底
选用添加多色闪光与多色粉末相混的眼影，在整个眼皮打底，创造光线折射出的层次感。

Kevin 老师来解救!
"绝不晕染的晶钻大眼"改造步骤全记录!

Step 9
下眼影打底
以同色系眼影晕染整个下眼影。

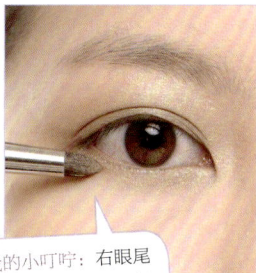

> 我的小叮咛:右眼尾往上翘,在下眼影打底时可加宽眼尾的晕染范围。

Step 10
描绘眼褶
蘸取深咖啡色的眼影,先沿着上眼褶描绘深邃的轮廓,再沿着下眼线描绘,加强层次感。

Step 11
自然眉形
选用浅色的眉笔往上加宽,缩短上眼皮的范围,还可创造出眼周的自然阴影。

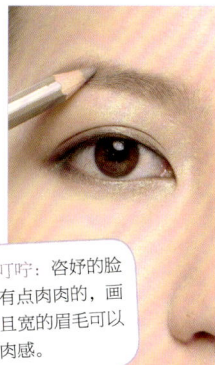

> 我的小叮咛:咨妤的脸形柔美有点肉肉的,画有角度且宽的眉毛可以淡化肉肉感。

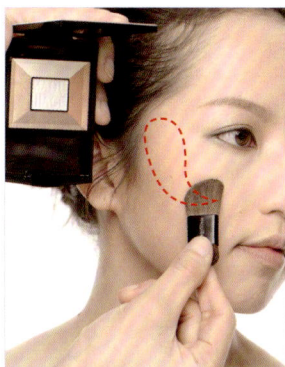

Step 12
右脸修容
右脸蘸取最深色及次深色,在右脸大范围从鬓角往内画变形虫形状腮红,修饰突出的颧骨。

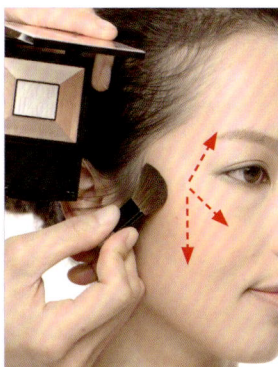

Step 13
发际修容
蘸取次深色,在两颊靠近发际线处开始画海鸥形修容。

Step 14
眉下提亮
蘸取最深色,在眉下小三角轻刷,加强轮廓。

Step 15
打亮鼻梁
蘸取打亮色,从眉中到山根处轻刷,但不要刷到鼻头,达到立体脸形的效果。

Step 16
涂上唇膏
涂抹唇膏,并于上唇中央往上顶一下,让唇形有微笑的感觉。

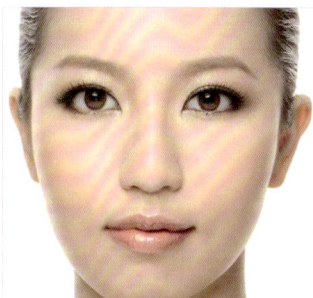

Finish

短睫毛、无神眼
—— 长睫魅眼美人立即翻身术

缺点1： 睫毛不够密，电力指数不够强！

我的处方笺：

1 利用两支不同的睫毛膏，先用根根分明型将睫毛刷明显后，再使用浓密型加粗每根睫毛的纤维。

2 下睫毛也一定要刷，视觉效果会更好。

3 技术好的人，也可戴假睫毛制造浓密感。

4 睡前给睫毛擦眼霜，医学证实长期下来可促进睫毛的生长。

缺点3： 左眼较圆、右眼较长。

我的处方笺：

1 利用两眼不同的眼线长度解决！

2 选用眼影时以深色眼影来做掩饰的效果最佳！

3 选择最小支眼影刷，小范围慢慢地修饰，才能边画边看两眼是否画得形状一致。

缺点2： 肌肤看得到毛细血管。

我的处方笺：

1 绿色的饰底乳，可以改善泛红的肌肤。

2 打底前先用珠光隔离乳，让肌肤在底妆后散发淡淡的自然光泽。

姓名：王忠琴
年龄：24岁
职业：学生

before

缺点4： 爱咬嘴唇造成下唇两边高低不同、下颚突出。

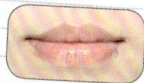

我的处方笺：

利用唇部遮瑕膏修饰唇缘再上妆。

finish

忠琴说："老师让我学到，只要选对产品，并以简单的步骤就能让浓密的睫毛看起来跟天生一样，还能改变眼形，发现自己的另一面！"

Step by Step

Step 1

珠光饰底乳
先利用珠光饰底乳全脸均匀涂抹，为肌肤打底，创造自然光泽。

我的小叮咛：因忠琴下巴突出，这个位置不要上珠光。

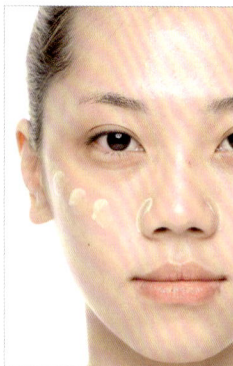

Step 2

绿色饰底乳
点在两颊与鼻翼两侧血管明显处，再轻轻拍匀，达到修饰效果。

Step 3

上粉底
选择比自己肤色深一号的水凝粉饼，沿微笑线均匀涂抹上粉底。

我的小叮咛：黑眼圈不严重的人也可直接轻推眼下，遮盖黑眼圈。

Step 4

遮瑕霜
将矿物BB遮瑕霜先点于手上，每次少量蘸取。

Step 5

脸部遮瑕
轻点在血管明显、黑眼圈处，或是其他有瑕疵位置加强遮瑕。

Step 6

刷上蜜粉
先在蜜粉上画圈，均匀蘸取五色粉末，接着以小范围打圈方式刷于全脸。

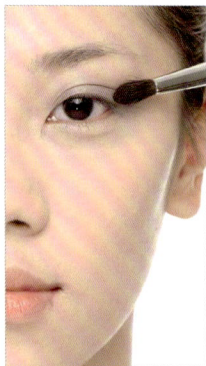

Step 7

左眼眼影平拉
左眼较圆，浅色眼影打底时，不要顺着眼睛的弧度画，以平拉的方式将上眼影拉长。

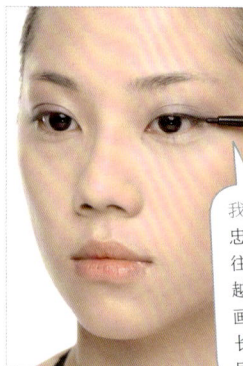

Step 8

长形眼线
利用眼线笔在眼尾三分之一处画长形眼线。

我的小叮咛：1.由于忠琴左眼眼头的眼皮往下折，这里的眼线越细越好。2.两眼都画上扬眼线，左边拉长一点，右边短一点即可。

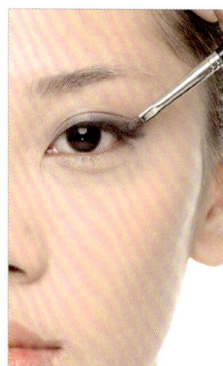

Step 9

左眼
加强眼尾
画上深灰色眼影，在眼尾以小笔刷画圆方式晕染加粗。

Step 10
左眼加强眼头
同样以深灰
色，在眼头处
加强晕染。

Step 11
右眼
加强中间
右眼较长，
因此用深灰
色在黑眼珠
上方加强晕
染。

Step 12
右眼下眼影
在黑眼珠下方
加强晕染下眼
影。

Step 13
根根分明睫毛膏
先用梳子状的睫
毛膏，刷出根根
分明的睫毛当做
打底。

Step 14
浓密型
睫毛膏
接着改用浓
密型的睫毛
膏，将每一
根睫毛刷浓
即可。

Step 15
加强下睫毛
下睫毛有放大
眼睛的效果，
有下睫毛的人
重复多刷几
次。

眼部修饰 *finish*

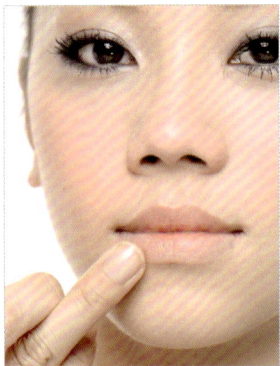

Step 16
唇缘遮瑕
利用唇部遮
瑕膏，以指
腹蘸取轻拍
唇缘。

Step 17
涂上裸唇
最后用裸唇
色加强下唇
中央，突出
的下唇缘轻
刷带过即
可。

缺点1： 眼头前方下压，原是内双的凤眼弧度逐渐形成了三角眼！

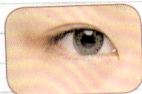

我的处方笺：

1 贴双眼皮胶带矫正眼形。
2 如不贴双眼皮胶带，在黑眼珠前方，靠近眼头上方部分把深色眼影往上晕染，平衡后方双眼皮。
3 因为眼头的眼皮往下压，所以眼头的眼线越细越窄越好，若眼线太粗，眼睛张开就会变成三角眼。甚至靠近眼头的部位以内眼线取代，不一定要看到明显的眼线。

缺点3： 脸形比例上看起来下巴短，额头也不够高。

我的处方笺：

1 最完美的脸形比例应该是由额头到眉心、眉心到鼻头、鼻头到下巴呈现1:1:1。
2 将嘴唇画小可以让下巴的长度看起来长一些，下巴长度拉长，脸看起来也会瘦一点。
3 额头部分通过提升亮度来做突显。

缺点2： 整个五官都是小巧可爱，让脸看起来圆圆的，而且咀嚼肌比较大！

我的处方笺：

1 通过眼妆让眼睛的长度加长。
2 把上半部五官变宽，下半部就会变窄，这样也就能修饰脸形。

姓名：张文怡
年龄：20岁
职业：学生

before

缺点4： 五官往两侧发展，看起来脸形比较扁。

我的处方笺：

1 想要像西方人的五官一样立体，重点是要向中央发展！
2 眼睛变大、脸形拉长后也会让轮廓更立体。

finish

文怡说：**" 大师果真是大师，我超级佩服老师，老师针对我的特性一直提醒我平时不会注意到的重点，最后完妆眼睛大又有神，美到舍不得卸掉！"**

Step by Step

Step 1

粉底

首先在脸上轻轻擦上薄透的粉底即可。

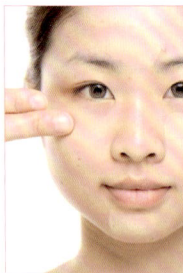

Step 2

修容

在咀嚼肌至发际线刷上三条深色粉底，以颧骨下方的线条为准，再由下往上推开即可。

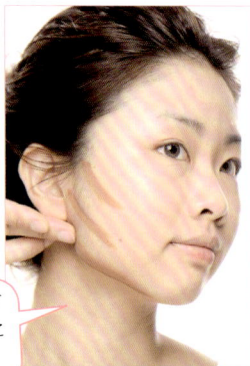

> 我的小叮咛：修容时的线条以颧骨的下方为准，不能超过颧骨，若是在颧骨之上容易让人感到太成熟，反而不适合。

Step 3

眼下打亮

针对文怡的泪沟型黑眼圈，因为没有合并发生其他困扰，所以只要薄薄上一层粉底或是液状的遮瑕产品做提亮。

> 我的小叮咛：遮盖泪沟型黑眼圈请记得绝对不要画在泪沟正中间的位置，泪沟型黑眼圈是因为眼头的局部循环不良以及松弛，画在正中间，很容易造成松弛处肌肤的卡粉现象。泪沟型黑眼圈其实是微微的发炎与浮肿，会有局部角度的眼袋产生，所以要从下方来做遮盖。

Step 4

泪沟下方修饰

针对泪沟比较严重的地方，利用遮瑕膏先画在泪沟的下缘，再用指腹拍打开来。

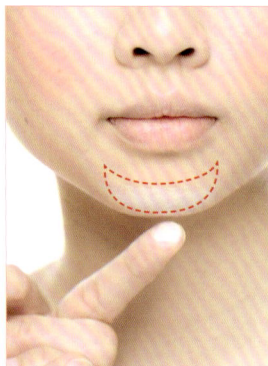

Step 5

下巴打亮

下巴短的人，可以利用手边有的白色眼线笔或白色膏状眼影，轻点在下巴最底端的微笑线，利用光影变化让下巴看起来比较长，但是亮粉尽量不要太重。

Step 6

定妆

选择比肤色浅一点的粉饼或蜜粉，在脸的中央定妆，以两侧眉尾为界延伸至发际线与下巴的菱形范围，让中央的部分亮起来。

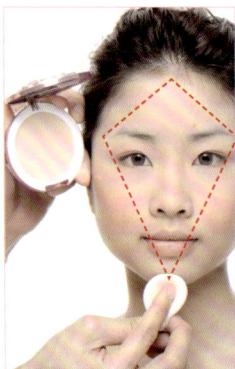

Step 7

调整眼形

先从深色眼影开始下色，从黑眼珠的前端到眼头，范围晕染大一点，眼睛张开眼影就会在眼皮褶上方，眼形自然也获得调整。

Step 8

拉长眼形

画眼影时把深的颜色从最后一根睫毛位置跟下眼皮交接处往后平拉。

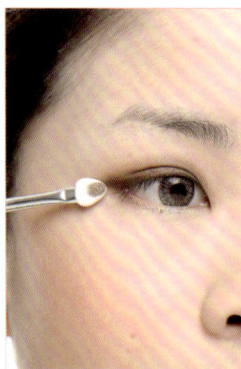

Kevin 老师来解救！

"内双变深邃眼" 改造步骤全记录！

Step 9
浅色晕染边缘
选择浅色或香槟金的颜色，把刚才画过深色的边缘晕染开来，达到层次感。

Step 10
下眼影连接眼尾
因为脸不够长，下眼影的范围不能太大，连接眼尾1/3~1/4的位置即可，否则眼睛比例会看起来很奇怪。

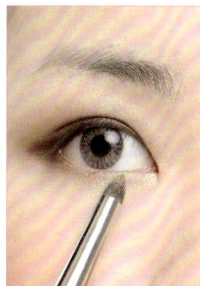

Step 11
下眼影做晕染
以香槟金色轻轻从眼头至刚刚画过的位置晕染开来。

Step 12
拉长眼形
本来是上扬的内双凤眼，以眼线胶将眼尾平拉后即可。

> 我的小叮咛：如果想画流行的可爱下垂眼，记住眼线绝对不是画垂的，而是顺着眼形至眼尾平拉，眼睛张开后自然会有弧度！

Step 13
填补睫毛缝隙
接着用黑色眼线液以轻点方式加强睫毛之间的缝隙，提升眼睛的深邃感。

Step 14
调整眉形
眉毛不能画太长，眉峰到眉尾的线条要略窄。

Step 15
腮红位置低一点
腮红位置低一点、范围宽一点，与侧面修容融合在一起。

> 我的小叮咛：通常脸不够长的人，都会建议腮红位置不要太高，以文怡为例，腮红画太高，咬肌部分两块会变得更明显。所以脸两侧比较肉比较圆的人，建议腮红位置低一点会比较好。

Step 16
刷上睫毛膏
最后刷上睫毛膏，以电动旋转睫毛膏来完整包覆每一根睫毛。

缺点1：标准的丹凤眼形！

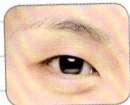

我的处方笺：

1 不要画过度重烟熏，眼睛看起来会更小，单眼皮建议沿着眼睛的轮廓线晕染就好。

2 如果是浮肿型的单眼皮，眼妆前不要打底色，让眼皮的自然肤色成为收缩的底色，但若是眼皮有凹陷型的单眼皮就可先打底色，让眼影更显色。

3 不要一味单用深色眼影，有技巧地运用浅色眼影晕在边际，眼妆层次感就会出现。

4 一定要画下眼影，因单眼皮的眉眼距离较窄，过度往上晕染眼睛会更小，而下眼影可让眼睛往下放大。

缺点2：眉毛不够长，且眉压眼！

我的处方笺：

眉形拉长，并往上画超出一点，将眉眼距离加宽。

姓名：邓嘉宜
年龄：25岁
职业：研究助理

before

缺点3：两侧颧骨往外突出明显！

我的处方笺：

1 利用深浅不同的粉底打底修饰脸形。

2 把黑眼珠到鼻翼的三角区加强提亮。

3 先用霜状腮红于笑肌处大面积打底，除了修饰两侧颧骨，也能让最后粉状腮红更显色。

我的小叮咛：东方人与西方人脸形的不同之处：西方人颧骨向前突出，因此轮廓立体，东方人颧骨则向两边突出，因此修容部分要特别注意。

finish

嘉宜说： "我从来没有化过妆，惊艳得差点认不出自己，连眼神都变得更有女人味了！谢谢老师给我化妆上的指导，与这美好的一天！"

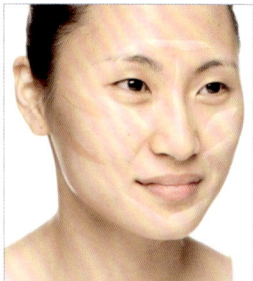

Step 1

深浅粉底
利用差三号的深浅粉底，浅色打脸中央，深色修饰两侧突出的颧骨。

Step 2

眼下 三角提亮
眼下用提亮笔提亮，并在黑眼珠到鼻翼下的小三角处特别加强。

Step 3

眼线做记号
眼睛平视镜子，将眼线笔轻点在黑眼珠的上方。

Step 4

记号完成
眼睛闭起来时就能看到中间的空隙，就是眼线要画的位置。

Step 5

将空隙填满
利用同色系的眼线笔将空隙填满，并将眼尾往上多画出一些。

Step 6

叠上眼影粉
叠上深咖啡色的眼影粉，顺着眼线往上晕开。

> 我的小叮咛：不要用全黑的眼影，会让眼睛看起来变小。

Step 7

浅色推开
再用浅色将深色眼影边缘轻刷，创造眼影的层次感。

Step 8

晕下眼影
用最小支的眼线笔少量蘸取咖啡色眼影，晕染出下眼影。

> 我的小叮咛：下眼影除放大眼睛外，还能调整脸形，尤其长形脸的人画了下眼影可缩短脸形长度。

Step 9

画眼线胶
将眼线刷横拿,就能一次画出明显且粗的眼线。

Step 10

晕下眼线
再用咖啡色的眼线笔,沿着下眼影处描绘下眼线。

我的小叮咛:单眼皮或眼睛较小的人,下内眼线留白或画淡香槟金色眼线,千万不可画深色的眼线!

Step 11

往上画眉
眉毛拉长不要粗,并往上画就不会眉压眼,让眼皮看起来更宽,眼睛比例自然变大。

Step 12

刷上睫毛
先刷上睫毛,重复刷拭两到三次,创造浓密纤长睫毛。

Step 13

刷下睫毛
如果有下睫毛一定要刷,同样有让眼睛往下放大的效果。

Step 14

刷腮红
蘸取有细致亮粉的腮红,在笑肌顶点画圆形腮红,让脸形往中央突出,再次修饰两侧突出的颧骨。

Finish

缺点1: 眼睛是下垂眼!

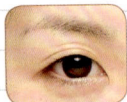

我的处方笺:

1 下垂眼的眼睛特色就是上眼皮比下眼睑宽，第一步就是要提亮眼下，让下眼皮放大、上眼皮收缩。

2 解决下垂眼有三种方法：粘双眼皮贴，眼尾眼影加深，眼尾睫毛加长。

3 如果是后天眼皮松弛造成的下垂，以双眼皮胶带，或圆形眼尾的眼影画法，让眼尾上提。

4 要防止眼部脂肪萎缩、老化造成的下垂眼，保养上多做往上拉提的动作，饮食上可多补充胶原蛋白，我非常推荐木耳，可煮成甜的、咸的、热的、冷的，而且几乎没有热量！

5 另外，减肥过度也会造成眼皮脂肪流失，眼睛变凹，所以减肥可别减过头了！

缺点2: 眼皮的褶皱很多!

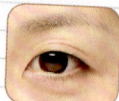

我的处方笺:

1 每天早上利用保湿凝胶按摩眼睛。

2 利用棉花棒滑动来固定双眼皮线条。

姓名：林品妙
年龄：22岁
职业：学生

before

缺点3: 肤色白皙，有一点小雀斑!

我的处方笺:

1 不要上粉底液，保持原有的白皙肤色，改以遮瑕膏修饰瑕疵部位后轻刷粉饼定妆即可。

2 因为底妆轻薄，腮红先上就不会感觉突兀，还能让腮红感觉从底肌透出的自然红润。

品妙说："很在意的下垂眼，老师竟然很喜欢！他说：'下垂眼没有攻击性，是可爱的小狗眼！'让我很开心呢！但最后老师还是解决了我的下垂眼困扰，真是大丰收！"

finish

Step by Step

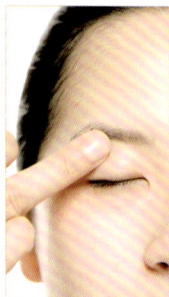

Step 1

按摩眼部
利用清爽的保湿凝胶或眼胶,顺着眼球的上方做眼部的按摩。

我的小叮咛:要在眼皮上有凝胶等产品的状态下滑动,才不会拉伤眼皮!

Point!
固定褶痕
眼睛睁开微微往上看,利用棉花棒或是笔刷的尾端沿着褶痕轻轻滑动来固定双眼皮褶痕。

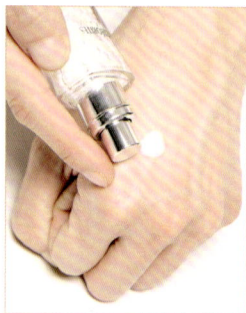

Step 2

隔离乳
擦上有细致珠光的防晒隔离乳,脸中央最多,两旁最少。

Step 3

全脸提亮
挤出修容露,推开薄薄涂抹于全脸,能完美折射光线,修饰肌肤瑕疵,让肌肤看起来晶亮剔透,连脖子也可以一起用喔!

我的小叮咛:肉肉脸的人不可全脸使用,只提亮脸中央就好。

Step 4

提亮眼下
利用明眸笔提亮眼下,让下眼皮明亮干净。

Step 5

霜状腮红打底
因为品妙肌肤白皙,可选择较粉嫩的霜状腮红先打底。

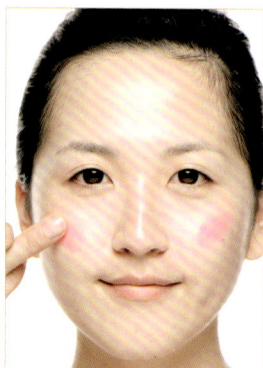

我的小叮咛:因为品妙肌肤白皙状况好,我不打底,直接利用遮瑕膏或是粉底液在需要遮瑕处修饰就好,这样的妆才够干净。

Step 6

遮瑕膏
直接蘸取遮瑕膏轻点在要遮瑕的部位,尤其眼下黑眼圈与鼻翼两侧容易暗沉处。

Step 7

轻刷粉饼
粉饼用大刷子轻刷全脸,减少粉感也可隔绝多余油脂,底妆看起来就很轻透。

Step 8

白色眼影
选用不含珠光的白色眼影,或是最浅色的眼影,但不能太黄,再次于眼下轻刷提亮。

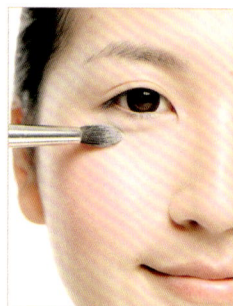

Step 9

对角度
下眼皮眼尾45度角，往上对到上眼尾。

Step 10

做记号
先用眼线笔做个记号，眼影与眼线都不要超出此范围。

Step 11

晕染圆形眼影
先用咖啡色的眼线笔打底后，再叠上咖啡色眼影，眼尾处以圆形的晕染结束，不要有明显的线条感。

Step 12

眼尾睫毛夹翘
眼尾的睫毛一定要夹翘，才能修饰下垂的眼尾。

Step 13

睫毛膏先顶根部
先将睫毛膏直拿顶根部的睫毛，做支撑睫毛的基底。

Step 14

再刷出卷翘感
再刷出卷翘的睫毛，因为先做了根部基底，更能长时间维持卷翘度。

Step 15

涂抹护唇膏
选择添加有细致珠光的护唇膏，以画圈的方式打底。

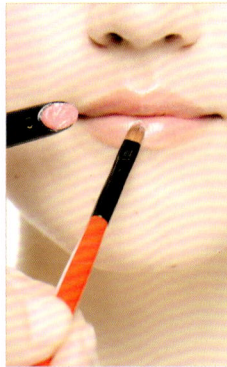

Step 16

加强唇中唇膏
最后再用玫瑰色的唇膏加强双唇中央。

6-8 唇纹深、唇色暗
——我要JUICY水润唇

缺点1： 唇纹深且明显，唇边缘有初期老化现象！

我的处方笺：

1 很多女生嘴唇年龄都比实际年龄高很多，都是没有保养！
2 嘴唇没有角质层，没有油脂分泌，都是靠嘴唇周边的肌肤供给养分，因此光擦护唇膏是不够的，要从根本的唇周护理做起。
3 唇边擦具有紧实效果或添加胶原蛋白的保养品，并搭配小剪刀手势按摩，最后再擦护唇膏增加水度，才能抚平唇纹。
4 平时多练习唇部运动，锻炼唇周肌肤紧实度。
5 唇膏以画圈圈方式涂抹，利用唇膏本身的水润感改善唇纹。

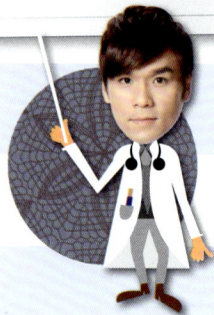

缺点2： 鼻头圆，且人中往外突出！

我的处方笺：

1 要注意随时吸油，否则鼻子看起来会更大。
2 上粉底时就要利用深色粉底先修容。

缺点3： 两边脸形不同：左脸较长且窄，右脸较短且圆！

我的处方笺：

1 人的脸形会两边不同，是因为不自觉地长期使用一边脸的肌肉造成的，多用的一边脸形通常比较长比较尖。
2 右脸较少运动，所以练习唇部运动，或妆前与睡前往上按摩拉提，长期下来也能改善。
3 脸形不同造成两边眉的高度不一，右脸将眉峰下面修掉，并画高拉长脸形，左脸则将眉峰往下多画，且不要再修左眉峰下方，让眉毛长出来。

姓名：柯怡萍
年龄：21岁
职业：学生

before

缺点4： 唇色较为暗沉！

我的处方笺：

1 不要咬或经常舔嘴唇，咬唇会造成唇色不均，舔唇会让唇更为干燥。
2 选择具有水感的唇膏，可以修饰暗沉的唇色，又能同时保养。
3 开始上妆前先擦护唇膏，但正式上唇妆时务必用纸巾将护唇膏抿掉，唇彩才会均匀。

114

finish

怡萍说: " 双唇看起来QQ的,
干净又水润的妆感好像日本杂志里面的model呢!
我一定会把这些小技巧全部记在脑海里! "

Step by Step

Step 1
擦保养品
将保养品擦
点于唇周。

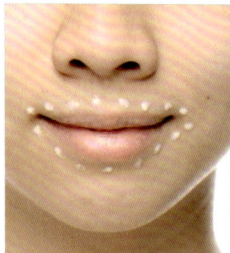

Step 2
推开
不要平推，利
用翘胡子的弧
度推开，达到
拉提唇周效
果。

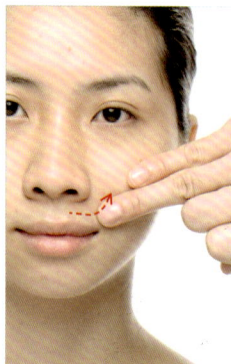

Step 3
小剪刀手捏
利用大拇指
与食指指腹
轻捏唇周。

Step 4
擦护唇膏
擦护唇膏时
以画圈圈的
方式，从中
间往外推
开。

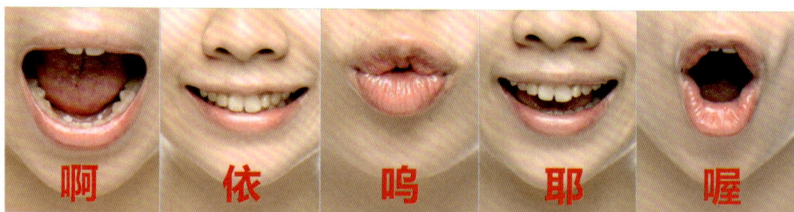

啊　依　呜　耶　喔

Step 5
唇周运动
进行唇部锻炼，早晚
保养时都可以顺便做
一下。

Step 6
粉底修容
上粉底时直接利用深
浅三色打底兼修容，
最上面用浅色，发际
到嘴角用中间色，耳
朵到下巴用最深色，
尤其鼻翼处做深色打
底改善鼻子到双唇的
突出感。

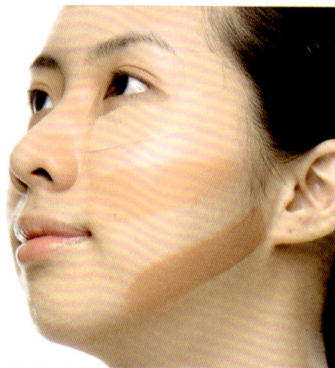

Step 7
提亮眼下
由于怡萍有微微
的泪沟型黑眼
圈，先用提亮
笔在泪沟下方提
亮。

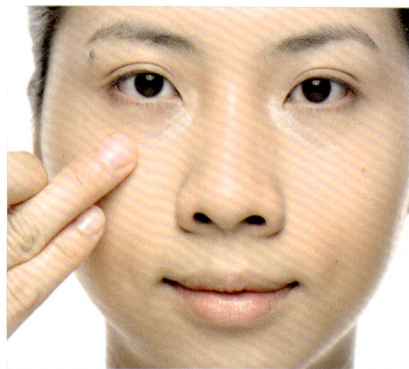

Step 8

眼下遮瑕
接着以遮瑕膏涂眼下三角区，用指腹顺着黑眼圈，轻拍均匀。

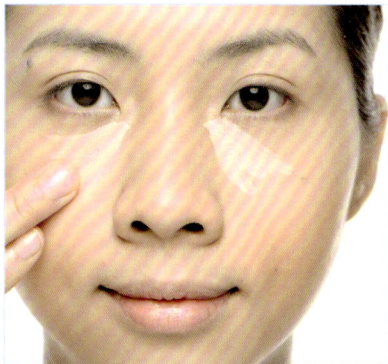

Step 9

修右眉
将右边眉毛的眉峰下方修掉一点。

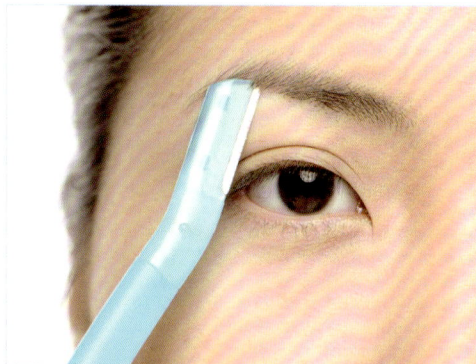

Step 10

画眉毛
将右边的眉峰往上画超出一点，左边的眉峰往下多画一些，这样一来两边眉毛高度就一致了。

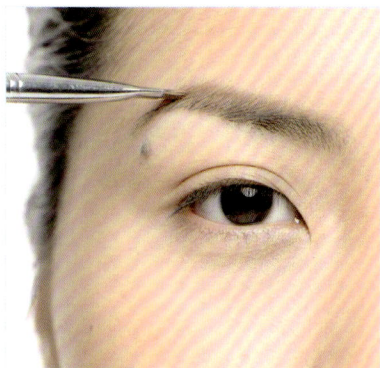

Step 11

唇中画圈
涂唇膏前记得用纸巾将护唇膏抿干净，即可直接用唇膏在唇中以画圈圈的方式涂抹。

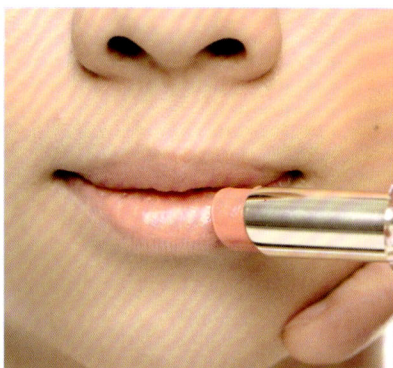

Step 12

唇刷晕染
利用唇刷将涂抹在唇中的唇膏往外晕染到唇边。

Step 13

再叠一层唇膏
最后再叠一层唇膏，加强遮瑕力与水润感。

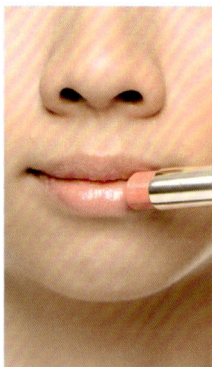

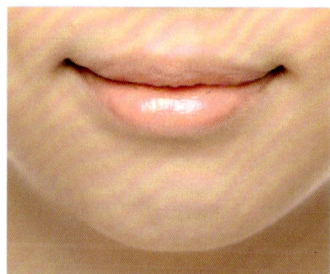

Finish

用专业的心 做专业的事
——Kevin老师教你如何挑眼镜

时尚眼镜VS脸形搭配术

最初眼镜只是为了矫正视力而存在的工具，但是现在，随着大家越来越追求个性化的生活方式，部分标榜专业配镜的眼镜店也出现了众多设计感很强而且超有个性的设计师品牌镜框。眼镜除了基本功能，还变成了提升个人魅力，给形象加分的圣品。另外，挑选什么样品牌的眼镜直接反映了你的个性，以下用专业的心发展出来的搭配方式，让你能在众多框型下选择一副你最对味的款式，可以大大增强你的魅力。让你在造型上成为用专业的心做专业的事的造型达人喔。

如何挑选正确的眼镜

成百上千的镜框里，到底要选择哪一种才对呢？我建议大家将以下的因素考虑进去，一是流行的趋势是否符合对镜片光学的需要，二是是针对自己的脸形特征挑选，如果在试戴一副空镜框时，就已经感觉重或不舒服，那就最好不要选它。无论配眼镜的首要目的为何，要注意使用的场所、目的和你的气质、发型、肤色。如果只追求流行，很容易丧失个人风格。

选择镜框时要注意尽量避免与脸形太类似的镜框，以免过度强调脸部线条。一般脸形分为圆形、方形、长形、菱形和瓜子脸，例如方形脸，应该选择比脸形稍宽的镜框，可以让脸显得更加细长；若脸形为圆形，有角的与方形的镜框将有利于修饰脸部的线条。要提醒大家的是，镜框搭配肤色最基本的原则是：肤色较浅选浅颜色镜框，肤色深则选择颜色较深的镜框。例如肤色较白者可选择柔和的粉色系或金银色的镜框，稍暗的肤色可选红色、黑色的镜框。

圆形脸的镜框选择

脸形圆润且看起来较为丰满，给人可爱亲切的感觉。

示范一

额头及下巴较丰满，或大鼻型建议挑选镜框较粗的方框，并以大镜框取得五官平衡。

示范二

圆形脸小鼻型的人选择较小略带曲线的细长镜框来调和整体感，而浅色梁高的镜框会让鼻子感觉更挺更长。

方形脸的选择

即所谓的国字脸。这种脸形的人两颊较宽，脸较短，一般给人棱角分明、性格刚硬的印象。

示范一

选择带圆角边的扁圆镜框最理想，让过宽的两颊看起来往内缩，达到缩小脸形的效果。

示范二

选择圆形的镜框，可缓和脸部线条，让脸上的角度变得相对柔和，让整体看起来更可爱。

长形脸的选择

比较长或者是比较窄的脸形最忌讳的就是挑与脸形相似，又窄又长的镜框。

示范一

最适合大框架的镜框，因为脸的长度要大于宽度，这样可以改善脸长的困扰，甚至宽大型的太阳眼镜也相当适合哦！

示范二

选择长方形眼镜粗框的镜架，利用流线造型的镜架减少长脸的印象，也可强调眼部的装饰转移视线焦点。

瓜子脸的选择

瓜子脸其实就是鸡蛋脸，也就是有尖尖的下巴，是标准的美人脸形。

示范一

建议挑选圆形，避免用宽大的镜框或宽大的方形框架，会显得脸形上宽下窄。

示范二

选择椭圆形的镜框，可以让下巴的线条看起来更加完美，达到标准的眼镜美人！

颧骨高而突出有棱有角的脸形，其特点是眼睛水平部位和下巴都窄，这是一种比较少见的脸形。

示范一

这种脸形非常适合圆形或椭圆形镜框，缓和刚硬的脸部线条，修饰棱角。

示范二

选择猫眼形的镜框，利用流行感强的眼镜转移脸部棱角视觉焦点。

PLUS!
肤色与镜框的搭配

肤色白皙选择颜色较浅的温和色系镜框

肤色偏暗避免选择黄色系的镜框，选择亮彩色系镜框

肤色较深的人则可选择颜色较深的稳重色系镜框

以上资料，由宝岛眼镜提供

看看使用者最真实的反馈。

5.0 分

4.9 分

4.8 分

4.8 分

4.8 分

娇兰幻彩流星粉球

腾讯网友：寒小暖 中性肤质 上海
认知娇兰产品就是从这一款粉球开始的，怪不得大家都喜欢用，完美调节肤色，效果超赞！

DIOR 魅惑唇膏

腾讯网友：白云漂漂 油性肤质
我买的是广告上那一只，没想到很滋润，颜色饱和度很好，绝对魅惑。

DIOR 清透亮润泽粉底液

腾讯网友：SikKi 干性肤质 北美洲
一点都不干，可以保持一天。而且特别自然，非常适合皮肤底子好的 MM。

娇兰幻彩流星靓白修容液

腾讯网友：yex 干性肤质 上海
娇兰的产品都是这么的美貌！可单独使用，也可与粉底液混合使用，上妆很贴合，自然有光泽，提亮肤色。

娇兰金钻莹亮六色眼影

腾讯网友：某喵 中性肤质 上海
喜欢这款眼影的包装，真的一眼就容易让人爱上，上色度也很令人满意，适合平时知性妆容。

4.8 分

4.9 分

5.0 分

4.8 分

4.9 分

娇兰金钻亮采凝露

腾讯网友：宁致尚美 敏感肤质 大连
金闪闪的超漂亮。涂在肌肤上之后金色颗粒自然化开，非常神奇。保湿效果好，非常舒适。

SK-II 环彩臻昔精华露

腾讯网友：鱼小萌 混合肤质 北京
有明显的增白效果，抹上去感觉很清透。清透、舒服，增白~继续使用中……

SK-II 神仙水

腾讯网友：红袖添香 混合肤质 深圳
肌肤如同新生一样。它最好的作用就是改善脸部微循环，让原本暗沉的肤色显得透亮。

露华浓修复再颜水养粉底液

腾讯网友：迷糊娃娃 干性肤质 北京
我的第一款粉底液，觉得性价比超级高，很滋润，是一款灰常好的打底产品，值得一败。

不脱色矿物质修颜粉饼

腾讯网友：dikiki 混合肤质
第一眼看到它就被震了，颜色太美太美，非常细腻的亮粉，多刷几层都不夸张。